Grundstücksentwässerung und Starkregenvorsorge

Planung und Ausführung in Neubau und Bestand

1. Auflage 2025

Autoren:

Vincent Barke
Bernd Ishorst
Peter Schmidt

FORUM
WISSEN,
DAS ANKOMMT.

Bibliografische Information der Deutschen Bibliothek

Die Deutsche Bibliothek verzeichnet diese Publikation in der Deutschen Nationalbibliografie; detaillierte bibliografische Daten sind im Internet über http://dnb.dnb.de abrufbar.

Mandichostraße 18
86504 Merching

Telefon: +49 (0)8233 381-123
Fax: +49 (0)8233 381-222
E-Mail: service@forum-verlag.com
Internet: www.forum-verlag.com

Hinweis: Aus Gründen der besseren Lesbarkeit und Einfachheit wird in den folgenden Texten meist die männliche Form verwendet. Die verwendeten Bezeichnungen sind als geschlechtsneutral bzw. als Oberbegriffe zu interpretieren und gelten gleichermaßen für alle Geschlechter.

Titelfoto/-illustration: © nd700 – stock.adobe.com
Satz: Reemers Publishing Services GmbH, 47799 Krefeld
Druck: Silber Druck GmbH & Co. KG, 34253 Lohfelden
Printed in Germany

ISBN 978-3-98875-139-3 (Print-Ausgabe mit Neuauflagenservice)
ISBN 978-3-98875-140-9 (E-Book-Ausgabe mit Neuauflagenservice)
ISBN 978-3-98875-141-6 (Premium-Ausgabe mit Neuauflagenservice)

Vorwort

Starkregenereignisse und unzählige Unwetter haben in den letzten Jahren in ihrer Intensität stark zugenommen und in weiten Teilen Deutschlands zu lokalem Hochwasser, Überschwemmungen und somit zu erheblichen Schadensereignissen geführt. Durch den Klimawandel und die zunehmende Urbanisierung hat der Überflutungsschutz erheblich an Bedeutung gewonnen, die Anforderungen an die Entwässerung von Gebäuden und Infrastruktur sind gestiegen.

Um eine langfristige und verlässliche Funktion der Entwässerungssysteme sicherzustellen, bedarf es einer sorgfältigen Planung und Ausführung. Regenentwässerungsanlagen für Gebäude und Grundstücke müssen der lokalen Geländecharakteristik und den örtlichen Bodeneigenschaften angepasst sein. Sie sollten ausreichend für die regionalen Regenmengen bemessen werden und so in Neu- und Bestandsbauten Schutz vor eindringendem Grund- und Regenwasser bieten.

In diesem Buch finden sich umfassende Details zu Planung und Ausführung von Grundstücksentwässerung und Starkregenvorsorge in Neubau und Bestand. Die Inhalte richten sich an Ingenieure, Stadtplaner, Architekten und alle Fachleute, die sich mit der Planung, Umsetzung und Wartung von Entwässerungssystemen beschäftigen. Das Buch gibt dabei nicht nur Planungshilfen zu den aktuellen technischen Regelwerken zur Grundstücksentwässerung, sondern zeigt anhand von vielen praktischen Berechnungsbeispielen wie die individuelle Dimensionierung von Entwässerungsanlagen, entsprechend den gestiegenen Anforderungen, gelingt.

Es erläutert die rechtlichen Zuständigkeiten, die bei der Planung von Entwässerungsanlagen beachtet werden müssen. Zudem zeigt es auf, wie regionale Gegebenheiten mithilfe von Starkregentabellen nach KOSTRA-DWD und Geländemodellen in die Planung einfließen können.

Außerdem gibt das Buch fachliche Hilfe, wie Dränagen, Rückstauschutz, Abwasserhebeanlagen und Entwässerungsanlagen sinnvoll eingesetzt werden, was es bei der Not- und Retentionsentwässerung von Dächern zu beachten gibt, welche Vorteile die Regenwassernutzung hat und unter welchen Voraussetzungen Niederschlagswasser in ortsnahe Oberflächengewässer eingeleitet werden darf.

Hinweise und Anregungen zur Ergänzung des Inhalts werden gern entgegengenommen.

Merching, im Februar 2025

Inhaltsverzeichnis

Autoren

Vincent Barke, M.Sc.

Arbeitet als Ingenieur (M.Sc.) im Bereich Wasserbau. Zu Beginn seiner Karriere hat er beim Niedersächsischen Landesbetrieb für Wasserwirtschaft, Küsten- und Naturschutz gearbeitet und hatte dort eine Stellung als Projektingenieur und stellv. Geschäftsbereichsleiter inne. Seit dem 01.08.2022 arbeitet er bei der IPW Ingenieurplanung GmbH & Co. KG als Abteilungsleiter für die Wasserwirtschaft. Dort trägt er die Verantwortung für rd. 200 Projekte, von denen er einen Teil auch selbst bearbeitet. Die Themengebiete erstrecken sich über Erschließungsplanungen, Grundstücksentwässerungen, Generalentwässerungsplänen und Fließgewässerentwicklungen. Zudem hat er die Zusatzqualifikation eines zertifizierten Fachplaners Regenwassermanagement erworben.

Autor des Kapitels „Grundlagen und Anforderungen“

Bernd Ishorst

Bernd Ishorst absolvierte 1974 in Bonn die Prüfung zum Gas- und Wasserinstallateur. Nach mehrjähriger Tätigkeit im Sanitärhandwerk folgte eine Weiterbildung zum staatlich geprüften Techniker für Sanitär-, Heizungs- und Klimatechnik an der Rheinischen Akademie in Köln. Danach war er 37 Jahre in verschiedenen Positionen für die Gussrohrindustrie tätig, wobei er zuletzt als Geschäftsführer das IZEG Informationszentrum Entwässerungstechnik Guss in Bonn leitete. Bernd Ishorst ist durch die DIN-Akademie autorisiertes Mitglied im Normenausschuss DIN 1986. Seit 2020 arbeitet er als selbstständiger Berater, Fachautor und Referent für Entwässerungstechnik.

Autor der Kapitel „Überflutungsschutz bei Gebäuden und Grundstücken“, „Betrieb und Wartung von Entwässerungsanlagen“, „Dezentrale Regenwasserversickerung und Einleitung von Niederschlagswasser in ortsnahe Oberflächengewässer“, „Planung und Berechnung von Dachentwässerungsanlagen“ und „Regenwassernutzung“

Peter Schmidt, Dr.-Ing.

Peter Schmidt studierte Bauingenieurwesen an der TU Braunschweig und legte 1988 die Diplomprüfung ab. Von 1989 bis 1994 war er wissenschaftlicher Mitarbeiter am Lehrstuhl für Baukonstruktionen, Ingenieurholzbau und Bauphysik an der Ruhr-Universität Bochum (Prof. Reyer). Er promovierte im Fach Ingenieurholzbau mit einem Beitrag zu vorgespannten Verbindungen von querzugbeanspruchten Brettschichtholzträgern (1994). Danach war er Mitarbeiter in Ingenieurbüros für Tragwerksplanung und Bauphysik und bearbeitete zahlreiche Projekte und Gutachten. Seit 1998 ist er Professor für Baukonstruktion, Ingenieurholzbau und Bauphysik an der Universität Siegen, Department Bauingenieurwesen. Er hat zahlreiche Veröffentlichungen in Fachzeitschriften und Büchern geschrieben und hält regelmäßige Vorträge auf Seminaren und Tagungen.

Autor des Kapitels „Baugrunderkennung und Dränage von Grundstücken“

Grundlagen und Anforderungen

Eintrittswege des Wassers und geeignete Schutzmaßnahmen

Häufige Hochwasser- und Starkregenereignisse und die dadurch verursachten Überflutungen haben in den letzten Jahren vermehrt zu erheblichen Schadensereignissen geführt. Die in immer kürzeren Zeitabständen auftretenden extremen Ereignisse müssen als erste Auswirkungen des Klimawandels bzw. als Vorgriff auf mögliche – häufiger auftretende – Zukunftsszenarien verstanden werden. Überflutungs- und Hochwasserschutz sind somit ein wichtiger Bestandteil der Klimaanpassung.

Begriffe

Beim Überflutungs- und Hochwasserschutz gelten folgende Begriffe:

Hochwasser

Hochwasser ist eine zeitlich beschränkte Überschwemmung von normalerweise nicht mit Wasser bedecktem Land, insbesondere durch oberirdische Gewässer oder durch in Küstengebiete eindringendes Meerwasser. Davon ausgenommen sind Überschwemmungen aus Abwasseranlagen.

Starkregenereignis

Von Starkregenereignissen spricht man bei großen Niederschlagsmengen, die in kurzer Zeit fallen. Diese sind i. d. R. an hochreichende und intensive Konvektion – z. B. an Cumulonimbus-Wolken – gebunden und treten häufig im Zusammenhang mit Gewittern auf.

Der Deutsche Wetterdienst (DWD) warnt vor Starkregen in den folgenden drei Stufen, wenn voraussichtlich folgende Schwellenwerte überschritten werden:

- 1. Stufe – Regenmengen 15 bis 25 l/m^2 in 1 Stunde
- 2. Stufe – 20 bis 35 l/m^2 in 6 Stunden (markante Wetterwarnung)
- 3. Stufe – Regenmengen > 25 bis 40 l/m^2 in 1 Stunde oder > 35 bis 60 l/m^2 in 6 Stunden (Unwetterwarnung)

Überflutungen aus dem Kanalnetz

Aufgrund von Starkregenereignissen austretendes Abwasser aus Kanälen oder Sonderbauwerken, das eine Überflutung von Flächen zur Folge hat. Dieses Abwasser kann wiederum in Gebäude eindringen und Schäden verursachen.

Sturzfluten

Zum Begriff Sturzfluten existiert keine einheitliche Definition. Sturzfluten entstehen, wenn mehr Wasser vorhanden ist, als von dem weiter abwärts gelegenen Gewässer, Kanalsystem oder vom Boden aufgenommen werden kann. Das ablaufende Wasser fließt mit hoher Geschwindigkeit abwärts und sammelt sich in tiefer liegenden Gebieten. Am häufigsten treten Sturzfluten nach Starkregen in normalerweise trockenen Gegenden auf.

***Bild 1:** Auf abschüssiger Straße bildet sich ein reißender Strom (Quelle: Jung-Pumpen GmbH, Steinhagen)*

Unmittelbar nach Schadensereignissen durch Überflutungen werden von Betroffenen meist leistungsstärkere öffentliche Kanäle gefordert. Diese können jedoch aus technischen und wirtschaftlichen Gründen nicht so gebaut werden, dass sie bei Starkregenereignissen einen vollständigen Überflutungsschutz bieten. Für Regenereignisse, die oberhalb der Bemessungsvorgaben für öffentliche Abwasserkanäle liegen, müssen zukünftig andere Möglichkeiten der Ableitung und Rückhaltung des Regenwassers zum Einsatz kommen und der Überflutungsschutz bei Gebäuden stärker berücksichtigt werden.

Eintrittswege des Wassers in Gebäude

Beim Überflutungsschutz für Gebäude oder Gebäudekomplexe müssen zunächst alle möglichen Eintrittswege des Wassers analysiert werden.

Folgende Eintrittswege des Wassers in Gebäude sind möglich:

- eindringendes Grundwasser durch undichte Keller (Kellerböden, Wände und Rohrdurchführungen von z. B. Wasser-, Gas- und Stromanschlussleitungen)
- eindringendes Oberflächenwasser durch undichte Kellerlichtschächte, undichte Kellerfenster, undichte Außenwände sowie Tür- und Fensteröffnungen
- eindringendes Abwasser durch einen Rückstau im öffentlichen Kanalnetz (Wasseraustritt z. B. bei WC, Dusche und Bodenabläufen)

***Bild 2:** Mehrfach-Wanddurchführung (Quelle: DOYMA GmbH & Co)*

Geeignete Schutzmaßnahmen

Schutzmaßnahmen gegen eindringendes Grundwasser

Die Möglichkeit des Eintritts von Grundwasser in das Gebäude wird leider allzu häufig nicht berücksichtigt. Kellerböden, Wände und Rohrdurchführungen können oftmals dem äußeren Wasserdruck nicht standhalten.

Eine Schutzmaßnahme zur Verhinderung von eindringendem Grundwasser ist die Bauwerksabdichtung. Hierzu werden Abdichtungsstoffe, wie z. B. Bitumen-Schweißbahnen, Bitumenbahnen, Kunststoffdichtungsbahnen oder Dickbeschichtungen, eingesetzt. Diese Art der Bauwerksabdichtung wird auch häufig als schwarze Wanne bezeichnet. Ein wichtiges Entscheidungskriterium ist hierbei die jeweilige Wassereinwirkungsklasse.

Für Bauwerke mit Abdichtungen werden in der Norm DIN 18533 „Abdichtung von erdberührten Bauteilen" folgende Wassereinwirkungsklassen unterschieden:

- Bodenfeuchte und nicht drückendes Wasser
- drückendes Wasser
- nicht drückendes Wasser bei erdberührten Decken
- Spritzwasser im Wandsockelbereich/Kapillarwasser bei erdberührten Wänden

Zusätzlich müssen je nach Wassereinwirkungsklasse noch entsprechende Maßnahmen für das Herstellen der Durchdringungen (Rohrdurchführungen) getroffen werden.

Alternativ hierzu können Kellerböden und Wände aus wasserundurchlässigem Beton (WU-Beton) hergestellt werden. Diese Ausführung wird auch häufig weiße Wanne genannt. Sie benötigt aufgrund ihrer Konstruktion i. d. R. keine zusätzlichen Dichtungsbahnen. Bei Kellerbauwerken, die aus wasserundurchlässigem Beton bestehen, werden i. d. R. Rohrdurchführungen gegen drückendes Wasser eingesetzt.

Schutzmaßnahmen gegen eindringendes Oberflächenwasser

Häufig dringt das Oberflächenwasser über undichte Kellerfenster und Türöffnungen in das Gebäude ein. Als Schutzmaßnahme können Schwellen angeordnet werden oder die betroffenen Fenster und Türen müssen dem Druck des Wassers widerstehen.

Spezielle wasserdichte Fenster können durch druckresistentes Fensterglas und dichte Fensterrahmen dem Außendruck des Wassers standhalten. Dabei ist darauf zu achten, dass Kellerfenster einem deutlich stärkeren Druck als höher liegende Fenster ausgesetzt sind.

***Bild 3:** Wasserdichte Keller-Außentür AquaLOCK (Quelle: Torbau Schwaben GmbH)*

Druckdichte Türen sind v. a. da sinnvoll, wo eine Abschottung der Tür mit außen liegenden Maßnahmen nicht möglich ist oder eine komplette Überflutung im Kellerbereich eintreten kann. Diese Türen sind i. d. R. so ausgelegt, dass sie mit speziellen Riegeln verschlossen werden und dem Wasserdruck widerstehen.

Schutzmaßnahmen gegen Rückstau aus dem öffentlichen Kanalnetz

Bei Starkregenereignissen kommt es häufig durch einen Abwasserstau im öffentlichen Kanalnetz zum Rückstau bis in die Gebäude- und Grundstücksentwässerung. Sind Entwässerungsgegenstände und Ablaufstellen für Regenwasser von Flächen, die unterhalb der Rückstauebene (i. d. R. die Straßenoberkante) liegen, ohne die erforderlichen Sicherheitseinrichtungen angeschlossen, sind Überflutungsschäden durch Rückstau unvermeidbar.

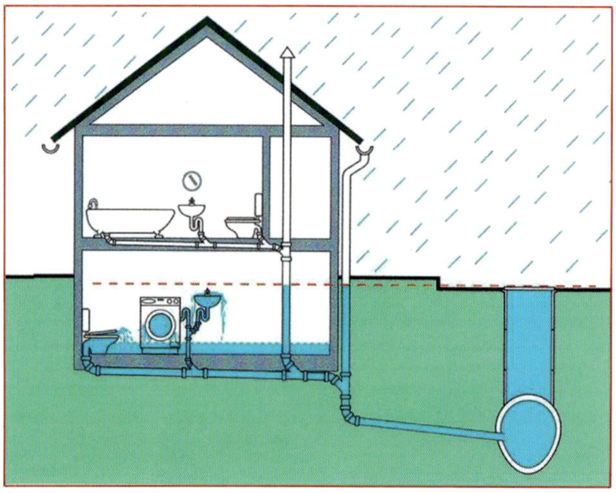

Bild 4: *Ungesicherte Entwässerungsgegenstände unterhalb der Rückstauebene (Quelle: ACO Passavant GmbH)*

Zum Schutz vor Überflutungen müssen dann Rückstausysteme eingesetzt werden. Zulässige Rückstausysteme sind automatisch arbeitende Abwasserhebeanlagen oder – unter bestimmten Voraussetzungen – Rückstauverschlüsse.

Geltende Regelwerke und Gesetze zur Grundstücksentwässerung

Technische Regelwerke der DWA

- DWA/M 102: Grundsätze zur Bewirtschaftung und Behandlung von Regenwetterabflüssen zur Einleitung in Oberflächengewässer
- DWA-A 117: Bemessung von Regenrückhalteräumen
- DWA-A 118: Hydraulische Bemessung und Nachweis von Entwässerungssystemen
- DWA-A 138: Planung, Bau und Betrieb von Anlagen zur Versickerung von Niederschlagswasser

Relevante Gesetze und Verordnungen

Bundesebene:

- Wasserhaushaltsgesetz (WHG): Regelt die Grundzüge des Wasserrechts und legt Anforderungen an die Gewässernutzung und den Schutz vor schädlichen Gewässerveränderungen fest.
- Baugesetzbuch (BauGB): Enthält Vorgaben zur Berücksichtigung des Hochwasserschutzes in der Bauleitplanung.

Landesebene:

- Landeswassergesetze: Konkretisieren die Vorgaben des WHG und regeln spezifische Anforderungen an die Abwasserbeseitigung und Niederschlagswasserableitung.
- Landesbauordnungen: Enthalten Vorschriften zur Ausführung von Grundstücksentwässerungsanlagen, z. B. § 33 Abs. 2 LBO BW.

Kommunale Ebene:

- Entwässerungssatzungen der Gemeinden: Regeln den Anschluss- und Benutzungszwang sowie die Überlassungspflicht für Abwasser.
- Abwassersatzungen: Definieren, welche Arten von Abwässern in die öffentliche Kanalisation eingeleitet werden dürfen.

Wichtige Normen

- DIN EN 752: Europäische Norm für Entwässerungssysteme außerhalb von Gebäuden
- DIN 1986-100: Entwässerungsanlagen für Gebäude und Grundstücke

Diese Aufstellung bietet lediglich einen Überblick über die wichtigsten Regelwerke und gesetzlichen Grundlagen im Bereich Grundstücksentwässerung und Überflutungsschutz.

> **Hinweis**
>
> Es ist zu beachten, dass die genauen Anforderungen je nach Bundesland und Kommune variieren können und stets die aktuellen Fassungen der Gesetze und Regelwerke zu berücksichtigen sind.

Überflutungsschutz gemäß DIN 1986-100 und DIN EN 752

Veranlassung

Gemäß DIN EN 752 liegt eine Überflutung vor, wenn „Schmutzwasser und/oder Regenwasser aus einem Entwässerungssystem entweichen oder nicht in dieses eindringen können und entweder auf der Oberfläche verbleiben oder in Gebäude eindringen". Diese Definition verdeutlicht, dass nicht nur das Austreten von Wasser, sondern auch die Unfähigkeit des Systems, Wasser aufzunehmen, als Überflutung gilt.

Der Überflutungsschutz ist ein zentrales Thema in der modernen Grundstücksentwässerung und gewinnt angesichts des Klimawandels und der zunehmenden Urbanisierung stetig an Bedeutung. Die Betrachtung des Überflutungsschutzes ist aus mehreren Gründen sowohl sinnvoll als auch erforderlich:

Klimawandel und Extremwetterereignisse

Der Klimawandel führt zu einer Zunahme und Verschärfung von Extremwetterereignissen, insbesondere von Starkregenfällen. Diese können die Kapazitäten herkömmlicher Entwässerungssysteme überfordern und zu Überflutungen führen. Ein durchdachter Überflutungsschutz hilft, die Auswirkungen solcher Ereignisse zu minimieren und Schäden zu begrenzen.

Urbanisierung und Flächenversiegelung

Die fortschreitende Urbanisierung geht mit einer zunehmenden Versiegelung von Flächen einher. Dies reduziert die natürliche Versickerungsfähigkeit des Bodens und erhöht den Oberflächenabfluss. Folglich steigt das Risiko von Überflutungen in städtischen Gebieten. Der Überflutungsschutz muss diese veränderten Bedingungen berücksichtigen und angepasste Lösungen bieten.

Schutz von Sachwerten und Infrastruktur

Überflutungen können erhebliche Schäden an Gebäuden, Infrastruktur und persönlichem Eigentum verursachen. Ein effektiver Überflutungsschutz trägt dazu bei, diese Sachwerte zu schützen und potenzielle wirtschaftliche Verluste zu minimieren.

Gesundheitsschutz

Überflutungen können zu gesundheitlichen Risiken führen, insbesondere, wenn Abwasser beteiligt ist. Die Vermeidung von Überflutungen durch geeignete Schutzmaßnahmen ist daher auch aus gesundheitlicher Sicht von großer Bedeutung.

Rechtliche und versicherungstechnische Aspekte

Zunehmend werden Bauherren und Grundstückseigentümer in die Pflicht genommen, angemessene Vorkehrungen zum Überflutungsschutz zu treffen. Dies kann sich sowohl aus baurechtlichen Vorschriften als auch aus Anforderungen von Versicherungen ergeben.

Nachhaltigkeit und Ressourcenschutz

Ein durchdachter Überflutungsschutz kann zur nachhaltigen Wasserwirtschaft beitragen, indem er beispielsweise Versickerung oder Regenwasserrückhaltung und -nutzung fördert. Dies schont Wasserressourcen und entlastet die Kanalisation.

Anpassung bestehender Systeme

Viele bestehende Entwässerungssysteme sind nicht für die aktuellen und zukünftigen Herausforderungen ausgelegt. Die Betrachtung des Überflutungsschutzes ist daher auch für die Anpassung und Optimierung vorhandener Infrastrukturen unerlässlich.

Die Berücksichtigung des Überflutungsschutzes in der Grundstücksentwässerung ist somit eine notwendige Maßgabe, um sich verändernde Umweltbedingungen und gesellschaftliche Anforderungen zu berücksichtigen. Sie dient dem Schutz von Menschen, Sachwerten und Umwelt und ist ein wesentlicher Bestandteil einer zukunftsorientierten und nachhaltigen Siedlungswasserwirtschaft.

Anforderungen des Überflutungsschutzes gemäß DIN 1986-100

Die DIN 1986-100 stellt als maßgebliche Entwässerungsnorm wichtige Anforderungen an den Überflutungsschutz für Grundstücke und Gebäude. Diese Norm dient als Planungsgrundlage für die Entwässerung von Gebäuden sowie auf dem gesamten privaten Grundstück und ist für Planer, ausführende Unternehmen und kommunale Mitarbeiter verbindlich.

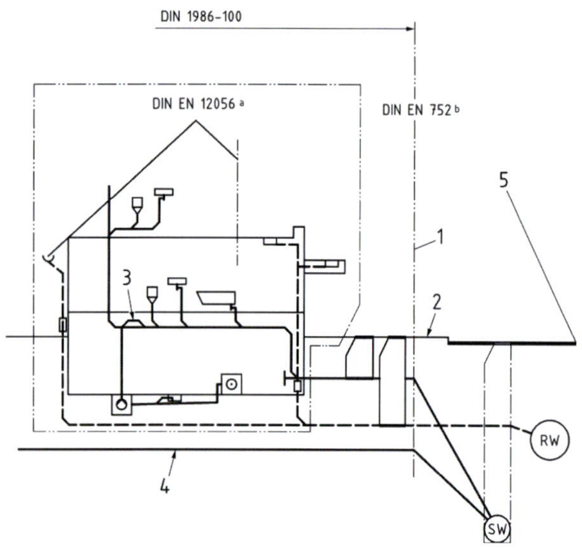

Bild 5: *Entwässerungsanlagen nach DIN 1986-100; (1) Grundstücksgrenze, (2) Rückstauebene, (3) Rückstauschleife), (4) Grundleitung von anderen Gebäuden, (5) Öffentlicher Grund mit öffentlichen Abwasseranlagen (Quelle: Barke)*

Ein Überflutungsnachweis ist gemäß DIN 1986-100 in folgenden Fällen erforderlich:

1. bei Grundstücken mit einer abflusswirksamen Fläche von mehr als 800 m²
2. bei einer Begrenzung der Einleitungsmenge für das Niederschlagswasser
3. auch bei Einleitung des Niederschlagswassers in oberirdische Gewässer oder bei Versickerung des Niederschlagswassers

Der Überflutungsnachweis ist für ein Niederschlagsereignis mit einer Wiederkehrzeit von mindestens 30 Jahren durchzuführen. In bestimmten Fällen kann eine höhere Jährlichkeit erforderlich sein:

Bei einem hohen Befestigungsgrad des Grundstücks sowie einem Anteil an Dachflächen und nicht schadlos überflutbaren Flächen (z. B. Innenhöfe) von mehr als 70 % ist der Nachweis für ein 100-jährliches Regenereignis zu führen.

Hinweis

Wenn ein außergewöhnliches Maß an Sicherheit erforderlich ist, sollte eine Jährlichkeit des Berechnungsregens größer als 30 Jahre gewählt werden.

Es muss nachgewiesen werden, dass die Differenz zwischen der anfallenden Regenwassermenge bei einem mindestens 30-jährlichen Regenereignis und dem 2-jährlichen Bemessungsregen schadlos auf dem Grundstück zurückgehalten werden kann. Dies kann durch verschiedene Maßnahmen sowohl ober- als auch unterirdisch erfolgen.

Die DIN 1986-100 favorisiert aus funktionalen Gründen oberflächige, reliefbezogene Lösungen für den Überflutungsschutz. Dies bedeutet, dass die Integration des Überflutungsschutzes in die Gebäude- und Außenanlagenplanung erforderlich ist.

Der Überflutungsnachweis ist nicht nur bei Kanalanschluss erforderlich, sondern auch bei Versickerung oder Einleitung in ein oberirdisches Gewässer.

Die Anforderungen der DIN 1986-100 zum Überflutungsschutz erfordern eine qualifizierte Planung und sorgfältige Ausführung, um einen wirksamen Schutz vor den Folgen extremer Niederschlagsereignisse zu gewährleisten. Die Umsetzung dieser Anforderungen ist entscheidend für den Werterhalt von Gebäuden und die Minimierung von Schäden durch Überflutungen.

Anforderungen des Überflutungsschutzes gemäß DIN EN 752

Die DIN EN 752 stellt als europäische Norm grundlegende Anforderungen an den Überflutungsschutz von Entwässerungssystemen. Sie definiert die Überflutungshäufigkeit als zentrales Maß für den Überflutungsschutz und legt damit einen wichtigen Grundstein für die Planung und Bemessung von Entwässerungsanlagen.

Die Norm empfiehlt spezifische Häufigkeiten für den Entwurf von Entwässerungssystemen, um einen angemessenen Überflutungsschutz zu gewährleisten. Die zu unterschreitende Überflutungshäufigkeit liegt dabei zwischen einmal in 10 Jahren und einmal in 50 Jahren. Die genaue Festlegung hängt von verschiedenen Faktoren ab, wie der Art des Gebiets und den potenziellen Schäden oder Gefährdungen.

Die DIN EN 752 stellt folgende grundsätzliche Anforderungen an den Betrieb von Entwässerungssystemen im Kontext des Überflutungsschutzes:

1. Begrenzung der Überflutungshäufigkeiten auf die vorgeschriebenen Werte
2. Schutz von Gesundheit und Leben der Öffentlichkeit
3. Begrenzung der Überlastungshäufigkeiten auf die vorgeschriebenen Werte
4. Schutz von Gesundheit und Leben des Betriebspersonals

Die Norm empfiehlt einen zweistufigen Bemessungsansatz:

1. Auslegung der Kanalisation für einen angemessenen Bemessungsregen ohne Überlastung
2. Überprüfung der Einhaltung der Überflutungshäufigkeit mittels eines Abflusssimulationsmodells

Bei größeren Entwässerungssystemen oder in Fällen, wo bedeutende Schäden oder Gefährdungen der öffentlichen Gesundheit entstehen können, wird empfohlen, das Maß des Überflutungsschutzes entsprechend festzulegen.

Die DIN EN 752 betont die Bedeutung lokaler Gegebenheiten für den Überflutungsschutz. Der Überflutungsvorgang auf der Oberfläche und der erforderliche Schutz sind stark von den örtlichen Verhältnissen abhängig. Daher sind eine sorgfältige Prüfung und Bewertung der spezifischen Situation vor Ort unerlässlich.

Die Anforderungen der DIN EN 752 zum Überflutungsschutz zielen darauf ab, ein ausgewogenes Verhältnis zwischen Kosten und erzielbarer Überflutungssicherheit zu erreichen. Sie bilden eine wichtige Grundlage für die Planung und den Betrieb von Entwässerungssystemen, die sowohl effektiv als auch wirtschaftlich vertretbar sind.

Tabelle 1: *Überflutungshäufigkeiten in Anlehnung an DIN EN 752 (Quelle: Barke)*

Ort	Überflutungshäufigkeiten	
	Jährlichkeit	Überschreitung in 1 Jahr
Ländliche Gebiete	1-mal in 10 Jahren	10 %
Wohngebiete	1-mal in 20 Jahren	5 %
Stadtzentren, Industrie- und Gewerbegebiete	1-mal in 30 Jahren	3%
Unterirdische Bahnanlagen, Unterführungen	1-mal in 50 Jahren	2 %

Baurechtliche Pflichten und Haftungsrisiken, kommunale Zuständigkeiten

Die Grundstücksentwässerung stellt einen wesentlichen Bestandteil der modernen Siedlungswasserwirtschaft dar und ist von entscheidender Bedeutung für den Schutz unserer Umwelt, die öffentliche Gesundheit und die nachhaltige Entwicklung urbaner Räume. In diesem komplexen Themenfeld treffen verschiedene rechtliche, technische und administrative Aspekte aufeinander, die sowohl für Grundstückseigentümer als auch für kommunale Behörden von großer Relevanz sind.

Dieses Kapitel widmet sich den baurechtlichen Pflichten und Haftungsrisiken sowie den kommunalen Zuständigkeiten, die mit der Planung, dem Bau und dem Betrieb von Grundstücksentwässerungsanlagen verbunden sind. Es werden die rechtlichen Rahmenbedingungen beleuchtet, die von Bundes- und Landesgesetzen über kommunale Satzungen bis hin zu technischen Regelwerken reichen. Dabei wird untersucht, welche Pflichten sich für Grundstückseigentümer ergeben und welche potenziellen Haftungsrisiken bei Nichteinhaltung oder fehlerhafter Umsetzung bestehen.

Ein besonderer Fokus liegt auf der Rolle der Kommunen, die als zentrale Akteure in der Wasserwirtschaft fungieren. Es werden die verschiedenen Zuständigkeitsbereiche der kommunalen Behörden erörtert, von der Planung und Genehmigung bis hin zur Überwachung und Durchsetzung von Vorschriften. Dabei wird auch auf die Herausforderungen eingegangen, die sich aus der Schnittstellenproblematik zwischen öffentlicher und privater Entwässerung ergeben.

Ziel dieses Kapitels ist es, ein umfassendes Verständnis für die rechtlichen und administrativen Aspekte der Grundstücksentwässerung zu vermitteln. Dies soll Planern, Bauherren und kommunalen Entscheidungsträgern als Orientierung dienen und dazu beitragen, potenzielle Konflikte zu vermeiden sowie eine rechtssichere und nachhaltige Umsetzung von Entwässerungsmaßnahmen zu gewährleisten.

Rechtliche Rahmenbedingungen

Die rechtlichen Rahmenbedingungen für die Grundstücksentwässerung umfassen ein komplexes Gefüge aus Bundes- und Landesgesetzen, kommunalen Satzungen und technischen Regelwerken. Diese Vorgaben bilden die Grundlage für Planung, Bau und Betrieb von Entwässerungsanlagen.

Bundesgesetze

Auf Bundesebene bildet das Wasserhaushaltsgesetz (WHG) die übergeordnete rechtliche Basis. Es legt grundlegende Bestimmungen zum Gewässerschutz und zur Abwasserbeseitigung fest. Es umfasst folgende Hauptaspekte:

1. Schutz und Nutzung von Oberflächengewässern und Grundwasser
2. Vorschriften zum Gewässerausbau, zur wasserwirtschaftlichen Planung und zum Hochwasserschutz
3. Umsetzung der Vorgaben der Europäischen Wasserrahmenrichtlinie (WRRL)
4. Festlegung von Bewirtschaftungszielen für Gewässer zur Sicherstellung einer nachhaltigen Nutzung
5. Regelungen zur Gewässerunterhaltung, Wasserentnahme und Wasserqualität
6. Ermöglichung der Ausweisung von Schutzgebieten für Wasserressourcen
7. Vorgaben zur Wasserhaushaltsplanung und ökologischen Durchgängigkeit von Fließgewässern
8. Bestimmungen zur Abwasserbeseitigung, einschließlich der Behandlung von Niederschlagswasser
9. Definition von Abwasser und Regelungen zur Abwasserbeseitigung
10. Ermächtigung der Bundesregierung zum Erlass von Rechtsverordnungen zur detaillierten Ausgestaltung der Gewässerbewirtschaftung

Das WHG zielt darauf ab, Gewässer als Bestandteil des Naturhaushalts und als Lebensraum für Tiere und Pflanzen zu sichern und so zu bewirtschaften, dass sie dem Wohl der Allgemeinheit und im Einklang damit auch dem Nutzen Einzelner dienen.

Landesgesetze

Die Länder konkretisieren die bundesrechtlichen Vorgaben durch eigene Wassergesetze. Diese regeln oft die Zuständigkeit der Kommunen für die Abwasserbeseitigung.

Kommunale Satzungen

Auf Grundlage der Landesgesetze erlassen Kommunen Entwässerungssatzungen, die detaillierte Vorgaben für die Grundstücksentwässerung enthalten. Diese regeln u. a.:

- Anschluss- und Benutzungszwänge für Grundstücke
- Zulassungsverfahren für Grundstücksentwässerungsanlagen
- technische Anforderungen an die Anlagen
- Überwachungs- und Kontrollrechte der Kommune

Technische Regelwerke

Neben den rechtlichen Vorschriften spielen technische Regelwerke eine wichtige Rolle:

- DIN-Normen: z. B. DIN EN 752 für Entwässerungssysteme außerhalb von Gebäuden
- DIN 1986-100: Entwässerungsanlagen für Gebäude und Grundstücke
- DWA-Merkblätter: Ergänzen die Normen mit praxisorientierten Handlungsempfehlungen

Diese technischen Standards konkretisieren die „allgemein anerkannten Regeln der Technik", auf die in Gesetzen und Satzungen oft verwiesen wird.

Genehmigungsverfahren

Die Errichtung und Änderung von Grundstücksentwässerungsanlagen bedarf i. d. R. einer Genehmigung durch die Kommune. Hierfür sind detaillierte Planunterlagen einzureichen, die von der Behörde geprüft werden.

Fachbetriebe

Viele Kommunen schreiben vor, dass Arbeiten an Grundstücksentwässerungsanlagen nur durch zugelassene Fachbetriebe durchgeführt werden dürfen. Dies soll die fachgerechte Ausführung sicherstellen.

Die Einhaltung dieser vielschichtigen rechtlichen und technischen Vorgaben ist entscheidend für die ordnungsgemäße Funktion der Grundstücksentwässerung und den Schutz von Umwelt und Gesundheit.

Hinweis

Grundstückseigentümer und Planer müssen sich daher sorgfältig mit den jeweils geltenden Bestimmungen vertraut machen.

Zuständigkeitsbereiche kommunaler Behörden

Die kommunalen Behörden spielen eine zentrale Rolle bei der Planung, Genehmigung, Überwachung und Durchsetzung von Vorschriften im Bereich der Grundstücksentwässerung. Ihre Zuständigkeiten erstrecken sich über verschiedene Phasen und Aspekte:

Planung und Genehmigung

Kommunen tragen i. d. R. die Verantwortung für die Abwasserbeseitigung, wie es in den meisten Landes-Wassergesetzen festgelegt ist. In diesem Zusammenhang haben sie verschiedene Aufgaben zu erfüllen.

Dazu gehört die Erstellung und regelmäßige Aktualisierung von Entwässerungssatzungen, um sicherzustellen, dass die rechtlichen Rahmenbedingungen stets den aktuellen Anforderungen entsprechen. Zudem sind sie dafür zuständig, Anschluss- und Benutzungszwänge für Grundstücke festzulegen, um eine ordnungsgemäße Anbindung an das Abwassersystem zu gewährleisten. Weitere wichtige Aspekte ihrer Verantwortung sind die Prüfung und Genehmigung von Entwässerungsplänen, um sicherzustellen, dass diese den geltenden Vorschriften und Standards entsprechen. Diese Aufgaben sind entscheidend für eine effektive und nachhaltige Abwasserbewirtschaftung in den Kommunen.

Die Kommunalbetriebe sind oft für die Erteilung von Kanalauskünften zuständig, die für die Planung neuer Grundstücksentwässerungsanlagen unerlässlich sind.

Überwachung

Die kommunalen Behörden sind dafür verantwortlich, die Einhaltung der gesetzlichen Vorschriften und lokalen Satzungen zu überwachen. Zu ihren Aufgaben gehört die Kontrolle der ordnungsgemäßen Errichtung von Grundstücksentwässerungsanlagen, um sicherzustellen, dass diese den festgelegten Standards entsprechen. Darüber hinaus überprüfen sie die Dichtheit von Grundleitungen und Schächten, um mögliche Leckagen und damit verbundene Umweltschäden frühzeitig zu erkennen. Regelmäßige Inspektionen bestehender Anlagen sind ebenfalls Teil ihrer Verantwortung, um den reibungslosen Betrieb und die Sicherheit der Entwässerungssysteme zu gewährleisten. Diese Maßnahmen sind entscheidend für den Schutz der Umwelt und die Aufrechterhaltung einer funktionierenden Abwasserinfrastruktur in den Gemeinden.

Durchsetzung von Vorschriften

Bei Verstößen gegen Vorschriften oder mangelhafter Ausführung von Entwässerungsanlagen stehen den Kommunen verschiedene Durchsetzungsmöglichkeiten zur Verfügung. Zunächst können sie Nachbesserungen oder Reparaturen anordnen, um sicherzustellen, dass die Anlagen den erforderlichen Standards entsprechen. Kommt es zu einer Nichtbeachtung der Vorschriften, haben die Behörden zudem die Möglichkeit, Bußgelder zu verhängen, um einen Anreiz zur Einhaltung der Regelungen zu schaffen. In Fällen akuter Gefährdungen können die Kommunen auch Ersatzvornahmen durchführen, um sofortige Maßnahmen zu ergreifen und potenzielle Risiken für die Umwelt und die öffentliche Sicherheit zu minimieren. Diese Instrumente sind entscheidend, um die ordnungsgemäße Funktion der Entwässerungsanlagen zu gewährleisten und den Schutz der Allgemeinheit sicherzustellen.

Beratung und Information

Kommunale Behörden übernehmen zudem eine bedeutende Beratungsfunktion, die für Grundstückseigentümer von großer Wichtigkeit ist. Sie stellen Informationen zu den geltenden Vorschriften und technischen Standards bereit, um sicherzustellen, dass alle Beteiligten über die relevanten Regelungen informiert sind. Darüber hinaus bieten sie Beratung zu Fragen der Entwässerung an, um Eigentümern bei der Planung und Umsetzung ihrer Entwässerungsanlagen zur Seite zu stehen. Ein weiterer zentraler Aspekt ihrer Tätigkeit ist die Aufklärung über Pflichten und Verantwortlichkeiten, damit Grundstückseigentümer ihre rechtlichen Verpflichtungen kennen und entsprechend handeln können. Diese Beratungsangebote tragen dazu bei, ein besseres Verständnis für die Thematik zu schaffen und die ordnungsgemäße Umsetzung der Entwässerungsvorschriften zu fördern.

Koordination mit anderen Behörden

Die Kommunen spielen eine zentrale Rolle in der Koordination mit anderen zuständigen Behörden, insbesondere im Bereich des Bau- und Wasserrechts. Dabei erfolgt eine enge Abstimmung mit den Bauaufsichtsbehörden, insbesondere bei der Prüfung von Bauanträgen, um sicherzustellen, dass alle relevanten Vorschriften eingehalten werden. Darüber hinaus arbeiten die Kommunen eng mit den Wasserbehörden zusammen, wenn es um wasserrechtliche Genehmigungen geht. Diese Zusammenarbeit ist entscheidend, um einen reibungslosen Ablauf der Genehmigungsverfahren zu gewährleisten und die Einhaltung der gesetzlichen Vorgaben in beiden Bereichen zu fördern. Durch diese koordinierte Vorgehensweise wird nicht nur die Effizienz erhöht, sondern auch der Schutz von Umwelt und Ressourcen sichergestellt.

Betrieb und Instandhaltung öffentlicher Anlagen

Neben den regulatorischen Aufgaben sind die Kommunen auch für den Betrieb und die Instandhaltung der öffentlichen Entwässerungsanlagen verantwortlich.

Die vielfältigen Zuständigkeiten der kommunalen Behörden unterstreichen ihre zentrale Rolle bei der Sicherstellung einer funktionierenden und rechtskonformen Grundstücksentwässerung. Durch die Wahrnehmung dieser Aufgaben tragen sie wesentlich zum Schutz der Umwelt, zur Gewährleistung der öffentlichen Gesundheit und zur nachhaltigen Entwicklung urbaner Räume bei.

Pflichten und Haftungsrisiken für Grundstückseigentümer

Pflichten der Grundstückseigentümer

Grundstückseigentümer haben im Bereich der Entwässerung folgende zentrale Pflichten:

1. **Anschluss- und Benutzungspflicht**: Grundstücke müssen an das öffentliche Kanalsystem angeschlossen und sämtliches Abwasser muss in das öffentliche Abwasserkanalsystem eingeleitet werden.
2. **Herstellung und Unterhaltung**: Eigentümer sind für die Herstellung, Reinigung und Instandhaltung ihrer Grundstücksentwässerungsanlagen nach den Regeln der Technik verantwortlich.
3. **Kostenübernahme**: Die Kosten für Herstellung, Reinigung und Instandhaltung der Anlagen der Grundstücksentwässerung tragen die Grundstückseigentümer.
4. **Rückstausicherung**: Grundstückseigentümer müssen sich durch den Einbau einer Rückstausicherung selbst gegen Rückstau schützen.
5. **Überlassungspflicht**: Grundstückseigentümer müssen das anfallende Abwasser den Kommunen überlassen.

Haftungsrisiken bei Nichteinhaltung oder fehlerhafter Umsetzung

Bei Verstößen gegen diese Pflichten können folgende Haftungsrisiken entstehen:

1. **Öffentlich-rechtliche Sanktionen**: Behörden können Maßnahmen zur Einhaltung der Vorschriften anordnen, z. B. die Reparatur einer schadhaften Rohrleitung.
2. **Zivilrechtliche Haftung**: Bei Beeinträchtigung von Nachbargrundstücken durch austretendes Abwasser können Beseitigungs-, Unterlassungs- und Schadensersatzansprüche nach §§ 1004, 906 und 823 BGB entstehen.
3. **Strafrechtliche Konsequenzen**: Eine fahrlässige oder vorsätzliche Gewässer- oder Bodenverunreinigung kann nach §§ 324, 324a StGB mit Freiheitsstrafe oder Geldstrafe geahndet werden.
4. **Haftung für Altlasten**: Grundstückseigentümer können als Zustandsverantwortliche für Bodenverunreinigungen haftbar gemacht werden, auch wenn die Ursache nicht in ihrem Verantwortungsbereich liegt.
5. **Kostenübernahme für Untersuchungen**: Bei Verdacht auf Bodenverunreinigungen können Eigentümer zur Durchführung von Detailuntersuchungen verpflichtet werden.

Die Nichteinhaltung der Pflichten oder fehlerhafte Umsetzung kann somit zu erheblichen finanziellen und rechtlichen Konsequenzen für Grundstückseigentümer führen. Es ist daher ratsam, die Vorgaben sorgfältig einzuhalten und regelmäßige Wartungen und Überprüfungen der Entwässerungsanlagen durchzuführen.

Risiken der wasserwirtschaftlichen Planung

Die wasserwirtschaftliche Planung im Kontext der Grundstücksentwässerung ist mit verschiedenen Risiken verbunden, die weitreichende Auswirkungen haben können. Diese Risiken ergeben sich aus der zunehmenden Komplexität der Anforderungen, insbesondere im Hinblick auf den Klimawandel und die fortschreitende Urbanisierung.

Klimawandelbedingte Risiken

Der Klimawandel führt zu einer Zunahme von Starkregenereignissen, die die Kapazitäten öffentlicher Entwässerungssysteme überfordern können. Dies erhöht das Risiko von Überflutungen und damit verbundenen Schäden an Immobilien und Infrastruktur. Eine unzureichende Berücksichtigung dieser Entwicklung in der Planung kann zu erheblichen finanziellen Verlusten und Haftungsrisiken führen.

Planungsrisiken

Eine mangelhafte Entwässerungsplanung kann schwerwiegende Folgen nach sich ziehen. Dazu gehört zunächst die fehlerhafte Dimensionierung von Rohrleitungen und Rückhalteräumen, was zu ineffizienten Abläufen und möglichen Überlastungen führen kann. Zudem wird häufig unzureichend auf zukünftige Nutzungsänderungen eingegangen, womit die

Anpassungsfähigkeit der Entwässerungssysteme beeinträchtigt wird. Ein weiterer kritischer Punkt ist die Nichtbeachtung kommunaler Entwässerungsvorschriften, die essenziell für eine ordnungsgemäße und rechtssichere Planung sind. Insgesamt können diese Mängel nicht nur zu technischen Problemen, sondern auch zu rechtlichen Konsequenzen und finanziellen Belastungen führen.

Diese Planungsfehler können zu Funktionsstörungen, erhöhten Wartungskosten und im schlimmsten Fall zu Überflutungsschäden führen.

Rechtliche und finanzielle Risiken

Kommunen tragen eine besondere Verantwortung bei der Ausweisung neuer Baugebiete. Eine unzureichende Berücksichtigung wasserwirtschaftlicher Belange kann rechtliche Konsequenzen nach sich ziehen. Zudem können Fehler in der Planung zu erheblichen finanziellen Belastungen für Kommunen und Grundstückseigentümer führen, insbesondere, wenn nachträgliche Anpassungen erforderlich werden.

Auswirkungen auf die Stadtentwicklung

Eine unzureichende wasserwirtschaftliche Planung kann die nachhaltige Stadtentwicklung erheblich beeinträchtigen. Sie führt zu Einschränkungen bei der Flächennutzung, da unzureichende Entwässerungssysteme die Entwicklung bestimmter Gebiete behindern können. Darüber hinaus entstehen erhöhte Kosten für Hochwasserschutzmaßnahmen, da ungenügende Planungen oft nachträgliche Anpassungen und Investitionen erfordern. Zudem kann eine mangelhafte Wasserbewirtschaftung das Stadtklima in Hitzeperioden verschlechtern, da die Fähigkeit der Stadt, Regenwasser zu versickern, zu verdunsten und kühlende Effekte zu erzeugen, eingeschränkt ist. Insgesamt sind diese Faktoren entscheidend für die Lebensqualität in urbanen Räumen und sollten daher bei der Planung stets berücksichtigt werden.

Risikominimierung durch integrierte Planung

Um diese Risiken zu minimieren, ist eine integrierte Planung erforderlich, die folgende Aspekte berücksichtigt:

- frühzeitige Risikoanalyse und -bewertung
- Implementierung von Retentions- und Versickerungsmaßnahmen
- Erstellung von Überflutungsnachweisen
- Abstimmung mit der Kommune, dem Kanalnetzbetreiber und der Genehmigungsbehörde
- regelmäßige Evaluierung und Anpassung der Planungen

Eine vorausschauende und ganzheitliche Planung kann nicht nur Risiken minimieren, sondern auch Chancen für eine nachhaltige und attraktive Stadtentwicklung eröffnen. Dies erfordert jedoch eine enge Zusammenarbeit zwischen Kommunen, Planern und Grundstückseigentümern sowie ein erhöhtes Bewusstsein für die Bedeutung einer zukunftsorientierten Grundstücksentwässerung.

Abflusswirksamkeit von Flächen

Die Abflusswirksamkeit von Flächen ist ein zentrales Konzept in der Grundstücksentwässerung und im Überflutungsschutz. Sie beschreibt, wie viel des auf eine Fläche fallenden Niederschlags tatsächlich zum Abfluss kommt und somit in das Entwässerungssystem gelangt. Das Verständnis und die Berücksichtigung der Abflusswirksamkeit sind entscheidend für eine effektive und nachhaltige Planung der Entwässerung.

Die Abflusswirksamkeit wird hauptsächlich durch zwei Faktoren beeinflusst:

1. **Oberflächenbeschaffenheit:** Die Art der Oberfläche bestimmt maßgeblich, wie viel Wasser versickern, verdunsten oder abfließen kann.
2. **Topografie:** Die Geländeform und das Gefälle beeinflussen die Fließgeschwindigkeit und -richtung des Oberflächenwassers.

Verschiedene Oberflächen weisen unterschiedliche Abflusswirksamkeiten auf:

- versiegelte Flächen (z. B. Asphalt, Beton): sehr hohe Abflusswirksamkeit (0,80–1,00)
- Pflasterflächen: mittlere bis hohe Abflusswirksamkeit (0,50–0,80), abhängig von Fugenanteil und -material
- Kiesflächen: mittlere Abflusswirksamkeit (0,30–0,60)
- Rasenflächen: geringe bis mittlere Abflusswirksamkeit (0,10–0,30), abhängig von Bodenbeschaffenheit und Neigung
- natürliche Vegetationsflächen: sehr geringe Abflusswirksamkeit (0,05–0,20)

Die Geländeform hat einen entscheidenden Einfluss auf die Abflusswirksamkeit. In Gebieten mit steilen Hängen ist die Abflusswirksamkeit erhöht, da der Oberflächenabfluss schneller erfolgt. Im Gegensatz dazu weisen flache Bereiche eine geringere Abflusswirksamkeit auf, da der Wasserabfluss langsamer verläuft und die Möglichkeit zur Versickerung (in Abhängigkeit zu den Bodenverhältnissen) erhöht ist. Darüber hinaus können Mulden und Senken die Abflusswirksamkeit reduzieren, indem sie Wasser zurückhalten und somit eine temporäre Speicherung ermöglichen. Diese unterschiedlichen Geländeformen müssen bei der Planung von Entwässerungssystemen berücksichtigt werden, um eine effektive Bewirtschaftung des Oberflächenwassers zu gewährleisten.

Die Berücksichtigung der Abflusswirksamkeit ist aus mehreren Gründen für die Planung der Grundstücksentwässerung von entscheidender Bedeutung. Zunächst ermöglicht die korrekte Einschätzung der Abflusswirksamkeit eine präzise Dimensionierung von Entwässerungsanlagen, einschließlich Rohrleitungen, Rinnen und anderen Entwässerungselementen. Eine genaue Berechnung der tatsächlichen Abflussmengen trägt zudem zur Wirtschaftlichkeit bei, da sie Über- oder Unterdimensionierungen verhindert und somit die Kosten optimiert.

Darüber hinaus spielt das Verständnis der Abflusswirksamkeit verschiedener Flächen eine wichtige Rolle im Überflutungsschutz. Es hilft dabei, potenzielle Überflutungsbereiche zu identifizieren und geeignete Schutzmaßnahmen zu planen. Auch im Hinblick auf Nachhaltigkeit ist die Berücksichtigung der Abflusswirksamkeit von großer Bedeutung. Sie ermöglicht eine gezielte Planung von Maßnahmen zur Regenwasserrückhaltung und -versickerung, was nicht nur zur Entlastung der Kanalisation beiträgt, sondern auch den Grundwasserschutz fördert.

Schließlich erlaubt die Kenntnis der Abflusswirksamkeit ein intelligentes Flächenmanagement, bei dem stark abflusswirksame Flächen durch weniger wirksame ausgeglichen werden können. Insgesamt ist die Berücksichtigung dieser Aspekte entscheidend für eine effektive und nachhaltige Grundstücksentwässerung.

Geländecharakteristik und Topografie als Planungsbesonderheiten

Die effektive Planung und Umsetzung einer Grundstücksentwässerung erfordert ein tiefgreifendes Verständnis der spezifischen Gegebenheiten des zu entwässernden Areals. Dabei spielen die Geländecharakteristik und die Topografie eine entscheidende Rolle, da sie maßgeblich die Wasserbewegung und potenzielle Risiken beeinflussen.

Dieses Kapitel befasst sich eingehend mit der Bedeutung dieser Faktoren für die Entwässerungsplanung. Es wird dargelegt, wie die natürliche Beschaffenheit des Geländes, einschließlich seiner Höhenunterschiede, Neigungen und geologischen Eigenschaften, die Wahl und Auslegung von Entwässerungssystemen beeinflusst.

Ein besonderer Fokus liegt auf der Identifikation und Bewertung überflutungsgefährdeter Flächen. Diese Areale stellen besondere Herausforderungen dar und erfordern oft spezifische Lösungsansätze, um Schäden an Gebäuden und Infrastruktur zu vermeiden. Es werden verschiedene Methoden zur Ermittlung solcher Risikogebiete vorgestellt und diskutiert, wie diese Erkenntnisse in die Planung einfließen können.

Die Berücksichtigung dieser topografischen und geländespezifischen Aspekte ist entscheidend für die Entwicklung nachhaltiger und robuster Entwässerungslösungen. Sie ermöglicht es, potenzielle Probleme frühzeitig zu erkennen und präventive Maßnahmen zu ergreifen, um die Sicherheit und Funktionalität der Entwässerungssysteme langfristig zu gewährleisten.

In den folgenden Abschnitten werden die verschiedenen Aspekte der Geländecharakteristik und Topografie betrachtet und deren Einfluss auf die Planung und Ausführung von Grundstücksentwässerungen erörtert.

Einfluss der Geländebeschaffenheit auf die Entwässerung

Die natürliche Beschaffenheit des Geländes hat einen signifikanten Einfluss auf die Wahl und Auslegung von Entwässerungssystemen.

Höhenunterschiede und Neigungen

Höhenunterschiede und Neigungen des Geländes spielen eine entscheidende Rolle für die Fließrichtung und -geschwindigkeit des Wassers. Das Gefälle beeinflusst maßgeblich, wie Wasser sich bewegt und abfließt. In stark geneigtem Gelände können jedoch Probleme für tiefer liegende Grundstücke auftreten, da das Wasser unkontrolliert abfließen kann und möglicherweise zu Überflutungen führt. Um eine effektive Entwässerung zu gewährleisten, ist ein ausreichendes Gefälle unerlässlich.

Geologische Eigenschaften

Die geologischen Eigenschaften eines Gebiets haben einen erheblichen Einfluss auf die Versickerungsfähigkeit des Bodens. Die Bodenbeschaffenheit bestimmt, wie gut Wasser in den Untergrund eindringen kann. Besonders klüftiges Gestein, wie beispielsweise Buntsandstein, kann als natürlicher Wasserspeicher fungieren und somit die Neubildung von Grundwasser beeinflussen. Darüber hinaus spielen Verwerfungen und Bruchlinien im Gestein eine wichtige Rolle, da sie als natürliche Wasserwege agieren können. Diese Strukturen können Quellaustritte begünstigen. Insgesamt ist das Zusammenspiel dieser geologischen Faktoren entscheidend für das Verständnis der hydrologischen Prozesse in einem Gebiet.

Grundwasserverhältnisse

Die Grundwasserverhältnisse spielen eine wesentliche Rolle für die Versickerung von Oberflächenwasser. Die Tiefe des Grundwasserspiegels hat direkten Einfluss darauf, wie gut Wasser in den Boden eindringen kann. Eine ausreichende Bodenschicht über dem Grundwasser ist dabei von großer Bedeutung, da sie nicht nur den natürlichen Filterprozess unterstützt, sondern auch einen wichtigen Schutz vor Verunreinigungen bietet. Diese Schicht wirkt als Barriere, die Schadstoffe zurückhält und somit zur Erhaltung der Wasserqualität beiträgt. Daher sind sowohl die Tiefe des Grundwasserspiegels als auch die Beschaffenheit der darüber liegenden Bodenschicht entscheidend für die hydrologischen Bedingungen eines Gebiets. Zudem sind die Grundwasserverhältnisse für die Planung und den Bau der Entwässerungseinrichtungen von entscheidender Bedeutung. So sind Rückhaltebecken bei einem Grundwasseranschnitt eventuell abzudichten oder für die Herstellung von Kanälen eine bauzeitliche Wasserhaltung vorzusehen.

Oberflächengewässer

Die Nähe zu Oberflächengewässern wie Flüssen, Bächen oder Seen hat einen bedeutenden Einfluss auf die Entwässerungsstrategie eines Grundstücks. Insbesondere bei der Ableitung von Regenwasser spielen diese natürlichen Gewässer eine wichtige Rolle. In ländlichen Gebieten werden häufig oberirdische Entwässerungssysteme wie flache Mulden oder Gräben entlang der Straßen genutzt, um das Regenwasser zu sammeln und abzuführen. Diese Systeme leiten das Wasser dann i. d. R. in einen Vorfluter, der als Sammelpunkt dient. Als Vorfluter können sowohl natürliche Gewässer wie Bäche und Flüsse als auch künstlich angelegte Kanäle oder Seen fungieren.

Bei der Einleitung von Niederschlagswasser in Oberflächengewässer müssen jedoch die Vorschriften des Wasserschutzes beachtet werden. In vielen Fällen unterliegt die direkte Einleitung in Oberflächengewässer einer wasserrechtlichen Bewilligungspflicht, insbesondere, wenn mit einer mehr als geringfügigen Einwirkung auf die Gewässerbeschaffenheit zu rechnen ist. Es ist wichtig zu beachten, dass die Einleitung von Niederschlagswasser in Oberflächengewässer nur als Ausnahme zur bevorzugten Methode der Versickerung gelten sollte.

Lokale Klimabedingungen

Die lokalen Klimabedingungen spielen eine entscheidende Rolle bei der Planung und Auslegung von Entwässerungssystemen. Insbesondere die Niederschlagsmenge und -intensität beeinflussen maßgeblich die erforderliche Kapazität dieser Systeme.

Der Klimawandel führt zu einer Zunahme von Extremwetterereignissen, was sich direkt auf die Anforderungen an Entwässerungssysteme auswirkt. Studien zeigen, dass Starkregenereignisse in den letzten 65 Jahren häufiger aufgetreten sind und auch in Zukunft eine weitere Zunahme und Intensivierung erwartet wird. Dies stellt eine große Herausforderung für bestehende Entwässerungssysteme dar, da sie möglicherweise nicht für solche Extremereignisse ausgelegt sind.

In den Wintermonaten wird ein deutlicher Anstieg des Abflussaufkommens prognostiziert. Simulationsergebnisse deuten darauf hin, dass das zu entwässernde Wasservolumen in den Monaten Dezember, Januar und Februar in den nächsten Jahrzehnten erheblich ansteigen könnte. Dies bedeutet, dass Entwässerungssysteme in Zukunft deutlich höhere Wassermengen bewältigen müssen.

Gleichzeitig führt der Klimawandel zu längeren Trockenperioden und einer Erhöhung der Verdunstung. Dies kann zu Niedrigwasserphasen in Gewässern führen, was wiederum Auswirkungen auf die Entwässerungsmöglichkeiten haben kann.

Bei der Planung von Entwässerungssystemen müssen diese sich verändernden klimatischen Bedingungen berücksichtigt werden, um eine langfristig funktionierende und nachhaltige Lösung zu gewährleisten. Dies kann bedeuten, dass Systeme mit größeren Kapazitäten oder flexibleren Lösungen entwickelt werden müssen, um sowohl mit Starkregenereignissen als auch mit längeren Trockenperioden umgehen zu können.

Überflutungsgefährdete Flächen

Identifikation und Bewertung überflutungsgefährdeter Flächen

Die Ermittlung und Analyse überflutungsgefährdeter Flächen ist ein wesentlicher Bestandteil der wasserwirtschaftlichen Planung, insbesondere im Kontext der Grundstücksentwässerung. Diese Areale stellen besondere Herausforderungen dar und erfordern spezifische Lösungsansätze, um potenzielle Schäden an Gebäuden und der Infrastruktur zu minimieren.

Methoden zur Ermittlung von Risikogebieten

1. Hydraulische Modellierung:
   Überschwemmungsgebiete werden häufig mithilfe hydraulischer Modelle ermittelt. Diese Modelle berücksichtigen Daten zur Geländeoberfläche (Topografie), zur Beschaffenheit des Geländes (Bewuchs, Bebauung) sowie hydrologische Daten aus Niederschlag und Abfluss. Durch computergestützte Simulationen wird prognostiziert, wie Wasser bei einem Hochwasserereignis abfließen wird.
2. GIS-gestützte Analyse:
   Geografische Informationssysteme (GIS) ermöglichen die Verschneidung verschiedener Datensätze wie Topografie, Bodenverhältnisse, Nutzungsarten und bekannte Restriktionen. Diese Methode ist besonders nützlich für die Erstellung kommunaler Niederschlagswasserbeseitigungskonzepte.
3. Risikoanalyse:
   Diese Methode berücksichtigt sowohl die Wahrscheinlichkeit eines Hochwasserereignisses als auch dessen potenzielle Konsequenzen. Sie umfasst die Berechnung von Belastungen (z. B. Wasserstände) und Belastbarkeiten (z. B. Deichhöhen) sowie die Quantifizierung möglicher Schäden.

Herausforderungen überflutungsgefährdeter Areale

Überflutungsgefährdete Flächen bringen eine Vielzahl von Herausforderungen mit sich. Zunächst besteht ein erhöhtes Risiko für Gebäude und Infrastruktur, da diese durch Überschwemmungen erheblich beschädigt werden können. Zudem kann die potenzielle Instabilität des Bodens in solchen Gebieten zu einer erhöhten Erosionsgefahr führen, was die Sicherheit der Umgebung weiter gefährdet. Ein weiteres Problem ist die mögliche Beeinträchtigung der Funktionalität von Entwässerungssystemen, die in überfluteten Bereichen oft nicht mehr effizient arbeiten können. Schließlich besteht auch die Gefahr der Kontamination von Grund- und Oberflächenwasser, was sowohl ökologische als auch gesundheitliche Risiken mit sich bringt.

Lösungsansätze zur Schadensvermeidung

Die Lösungsansätze zur Schadensvermeidung in überflutungsgefährdeten Gebieten umfassen verschiedene Strategien, die sowohl bauliche als auch planerische Maßnahmen beinhalten.

Eine zentrale Strategie ist die Anpassung der Bebauung. Hierbei wird besonderes Augenmerk auf die Erhöhung der Gebäudesockel gelegt, um kritische Gebäudeteile über der erwarteten Rückstauebene zu halten. Zusätzlich werden Keller und tiefliegende Gebäudeteile wasserdicht ausgeführt, um das Eindringen von Wasser zu verhindern. Die Installation von Rückstausicherungen ist ebenfalls eine wichtige Maßnahme, die verhindert, dass Abwasser bei Überlastung der Kanalisation in die Gebäude zurückfließt.

Die Optimierung der Entwässerungssysteme spielt eine entscheidende Rolle. Dabei werden Retentions- und Versickerungsmaßnahmen implementiert, um Regenwasser vor Ort zurückzuhalten und kontrolliert abzuleiten. Die Dimensionierung von Entwässerungsanlagen wird unter Berücksichtigung von Extremereignissen vorgenommen, um auch bei Starkregenereignissen eine ausreichende Kapazität zu gewährleisten.

Landschaftsplanerische Maßnahmen bilden einen weiteren wichtigen Baustein. Die gezielte Schaffung von Überflutungsflächen und Retentionsräumen auf dem Grundstück ermöglicht es, das Oberflächenwasser aus größeren Starkregenereignisse kontrolliert abzuleiten und zwischenzuspeichern.

Technische Schutzmaßnahmen ergänzen diese Ansätze. Rückstauschleifen oder -verschlüsse schützen gegen rückstauendes Wasser aus den Kanalsystemen. In besonders kritischen Bereichen können Pumpsysteme installiert werden, um anfallendes Wasser gezielt abzuleiten.

Die Kombination dieser verschiedenen Lösungsansätze ermöglicht einen umfassenden Schutz vor Hochwasserschäden. Dabei ist es wichtig, die Maßnahmen an die spezifischen lokalen Gegebenheiten anzupassen und in ein ganzheitliches Konzept zum Überflutungsschutz einzubetten. Nur so kann eine effektive und nachhaltige Schadensvermeidung in überflutungsgefährdeten Gebieten erreicht werden.

Integration in die wasserwirtschaftliche Planung

Die Integration der Erkenntnisse aus der Identifikation und Bewertung überflutungsgefährdeter Flächen in die wasserwirtschaftliche Planung ist ein wichtiger Schritt zur Verbesserung des Hochwasserschutzes.

Ein zentraler Aspekt ist die Anpassung der Flächennutzungs- und Bebauungsplanung. Dabei werden Risikogebiete bei der Ausweisung neuer Baugebiete berücksichtigt. In besonders gefährdeten Bereichen kann es sinnvoll sein, diese von der Bebauung auszunehmen, um zukünftige Schäden zu vermeiden.

Für identifizierte Risikogebiete werden spezifische Entwässerungskonzepte entwickelt. Diese berücksichtigen die lokalen Gegebenheiten und können beispielsweise Maßnahmen zur Retention und Versickerung von Regenwasser beinhalten.

Die Priorisierung von Maßnahmen basiert auf einer durchgeführten Risikoanalyse. So können Schutz- und Anpassungsmaßnahmen gezielt dort umgesetzt werden, wo sie am dringendsten benötigt werden und die größte Wirkung entfalten.

Durch die umfassende Integration dieser Erkenntnisse in die wasserwirtschaftliche Planung können Risiken minimiert werden.

Bemessungsgrundlagen und Starkregen

Die Planung und Dimensionierung von Entwässerungssystemen für Grundstücke erfordert eine sorgfältige Berücksichtigung hydrologischer Gegebenheiten und potenzieller Belastungen durch Niederschlagsereignisse. Dieses Kapitel befasst sich mit den Bemessungsgrundlagen für Entwässerungsanlagen und der besonderen Bedeutung von Starkregenereignissen, wobei insbesondere auf das KOSTRA-DWD-System (Koordinierte Starkniederschlags-Regionalisierungs-Auswertungen des Deutschen Wetterdienstes) eingegangen wird.

Die Bemessung von Entwässerungssystemen basiert i. d. R. auf der Annahme von Bemessungsregen mit definierten Wiederkehrzeiten. Die Integration von Starkregenszenarien in die Planung ist von enormer Bedeutung, um die Resilienz unserer Infrastruktur gegenüber Überflutungen zu erhöhen.

Das KOSTRA-DWD-System stellt in diesem Zusammenhang bei der Bemessung von Entwässerungsanlagen ein unverzichtbares Werkzeug dar. Es liefert flächendeckend für Deutschland statistische Auswertungen von Starkniederschlagshöhen für verschiedene Dauerstufen und Jährlichkeiten. Diese Daten bilden die Grundlage für eine realistische Einschätzung der zu erwartenden Niederschlagsbelastungen und ermöglichen eine angemessene Dimensionierung von Entwässerungsanlagen.

In den folgenden Abschnitten werden die gängigen Bemessungsgrundlagen für Grundstücksentwässerungen erörtert, die Bedeutung und Anwendung des KOSTRA-DWD-Systems detailliert betrachtet und diskutiert, wie diese Erkenntnisse in die praktische Planung einfließen können.

Ziel dieses Kapitels ist es, ein fundiertes Verständnis für die hydrologischen Grundlagen der Entwässerungsplanung zu vermitteln und die Leser in die Lage zu versetzen, fundierte Entscheidungen bei der Dimensionierung von Entwässerungssystemen zu treffen, die sowohl den aktuellen Stand der Technik als auch zukünftige Entwicklungen berücksichtigen.

Bemessungsgrundlagen für Grundstücksentwässerungen

Die Bemessung von Entwässerungseinrichtungen in der Grundstücksentwässerung erfordert die Berücksichtigung mehrerer wichtiger Faktoren:

Bemessungsregen

Für die Planung der Entwässerung von Grundstücken sind Regenspenden nach KOSTRA-DWD 2020 zu verwenden. Die heranzuziehende Dauerstufe und Jährlichkeit hängen von den lokalen Gegebenheiten und der zu planenden Entwässerungsanlage ab.

Abflusswirksame Fläche

Die abflusswirksame Fläche (***A***) ist ein entscheidender Faktor bei der Berechnung des Regenwasserabflusses.

Topografie

Die Geländeneigung beeinflusst die Fließrichtung, den Abflussbeiwert und somit die Menge des abfließenden Wassers. Aufgrund von Höhenkuppen kann es aus entwässerungsplanerischer Sicht zur geteilten Betrachtung des Grundstücks kommen.

Abflussbeiwerte

Der Abflussbeiwert (***C***) gibt das Verhältnis zwischen dem direkt abfließenden Niederschlag und dem Gesamtniederschlag an. Er variiert je nach Oberflächenbeschaffenheit und kann aus diversen Tabellenwerten herangezogen werden.

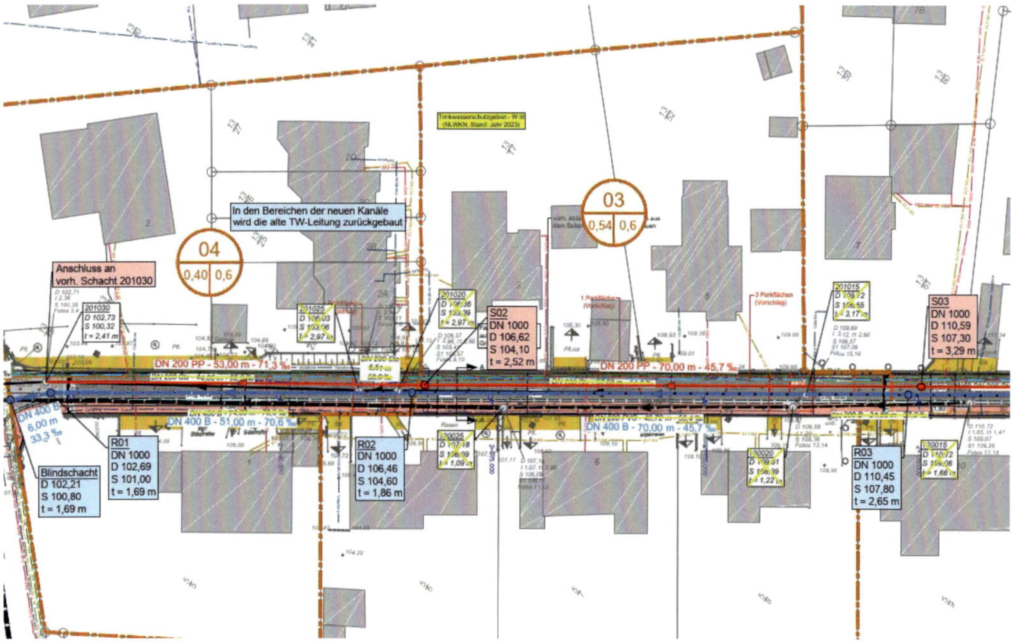

Bild 6: *Beispiel Entwässerungsplanung (Quelle: Barke)*

Abflussspende

Die Berechnung des Regenwasserabflusses Q_r in l/s erfolgt nach der Formel:

$Q_r = r_{(D,T)} \times C \times A \times 1/10.000$	
Dabei ist:	
Q_r	Regenwasserabfluss (l/s)
$r_{(D,T)}$	Regenspende l/(s × ha)
D	Dauer (min)
T	Jährlichkeit (Jahre)
C	Abflussbeiwert
A	abflusswirksame Fläche (m^2)

Vorflut

Die Nähe zu Oberflächengewässern oder Regenwasserkanalisationen beeinflusst die Entwässerungsstrategie, insbesondere bei der Ableitung von Regenwasser. Dabei ist neben der bestehenden Auslastung des Vorfluters für den Anschluss auch die Tiefe von Bedeutung.

Versickerungsfähigkeit des Bodens

Die geologischen Eigenschaften und die Bodenbeschaffenheit beeinflussen die Versickerungsfähigkeit und somit die Notwendigkeit und Dimensionierung von Versickerungsanlagen.

Grundwasserstand

Die Tiefe des Grundwasserspiegels ist zum einen für die Möglichkeiten zur Versickerung von Oberflächenwasser von Bedeutung. Zudem kann ein hoher Grundwasserspiegel auch die bauliche Umsetzung und Ausgestaltung der Entwässerungsanlagen beeinflussen. So sind Rückhalteräume mit Grundwasseranschnitt entsprechend abzudichten.

Die sorgfältige Berücksichtigung dieser Faktoren ist essenziell für eine effektive und nachhaltige Planung von Grundstücksentwässerungen, die sowohl Extremereignisse bewältigen als auch den alltäglichen Anforderungen gerecht werden kann.

Starkregen

Definition von Starkregen

Starkregen bezeichnet Niederschlagsereignisse, bei denen in kurzer Zeit große Regenmengen fallen. Die genaue Definition variiert je nach Kontext und Anwendungsbereich. Der Deutsche Wetterdienst (DWD) definiert Starkregen anhand folgender Schwellenwerte:

- **Starkregen**: 15–25 l/m² in 1 Stunde oder 20–35 l/m² in 6 Stunden
- **heftiger Starkregen**: 25–40 l/m² in 1 Stunde oder 35–60 l/m² in 6 Stunden
- **extrem heftiger Starkregen**: > 40 l/m² in 1 Stunde oder > 60 l/m² in 6 Stunden

Klassifizierung von Starkregen

Die Klassifizierung von Starkregen erfolgt anhand verschiedener Kriterien:

1. **Niederschlagsmenge:** Gemessen in l/m^2 oder mm
2. **Zeitdauer:** Typischerweise von 1 Stunde bis 6 Stunden
3. **Jährlichkeit:** statistische Wiederkehrzeit des Ereignisses

Der DWD verwendet ein dreistufiges Warnsystem für Starkregen, das auf Niederschlagsmengen und -dauer basiert. Für wasserwirtschaftliche Planungen werden oft statistische Auswertungen wie KOSTRA-DWD herangezogen, die Niederschlagshöhen für verschiedene Dauerstufen und Jährlichkeiten bereitstellen.

Berücksichtigung von Starkregen in der Grundstücksentwässerung

Bei der Planung von Grundstücksentwässerungen müssen Starkregenereignisse aus mehreren Gründen berücksichtigt werden:

1. **Bemessung der Entwässerungsanlagen**: Die Entwässerungsanlagen werden auf bestimmte Jährlichkeiten dimensioniert. Diese hängen von der Anlage und den örtlichen Gegebenheiten ab.
2. **Überflutungsnachweis**: Bei der Planung muss nachgewiesen werden, dass bei Überschreitung der Leistungsfähigkeit der Entwässerungseinrichtungen keine Schäden an Gebäuden entstehen.
3. **Versickerungsanlagen und Rückhalteräume**: Diese müssen so dimensioniert werden, dass sie auch bei Starkregenereignissen funktionsfähig bleiben.
4. **Rückstausicherung**: Um Rückstau aus überlasteten Kanalisationen zu verhindern, müssen entsprechende Sicherungen vorgesehen werden.

Die Berücksichtigung von Starkregen in der Grundstücksentwässerung erfordert eine sorgfältige Planung und Dimensionierung der Entwässerungsanlagen. Dabei müssen sowohl die lokalen klimatischen Bedingungen als auch die spezifischen Gegebenheiten des Grundstücks berücksichtigt werden, um eine resiliente und zukunftssichere Entwässerung zu gewährleisten.

KOSTRA-DWD

Das KOSTRA-DWD-System (Koordinierte Starkniederschlags-Regionalisierungs-Auswertungen des Deutschen Wetterdienstes) ist ein unverzichtbares Werkzeug für die Planung und Dimensionierung von Entwässerungssystemen. Es liefert detaillierte Regendaten in Form von Niederschlagshöhen und -spenden für verschiedene Dauerstufen und Jährlichkeiten:

- Niederschlagshöhen werden in mm angegeben.
- Regenspenden werden in l/(s × ha) angegeben.
- Dauerstufen reichen von 5 Minuten bis zu 72 Stunden.
- Jährlichkeiten (Wiederkehrintervalle) von 1 Jahr bis 100 Jahre

Die Daten sind für ein deutschlandweites Rasternetz mit 5.405 Feldern verfügbar, wobei jedes Feld etwa 25 km^2 abdeckt. Es handelt sich um regionalisierte Daten, d. h., für definierte Flächen werden einheitliche Niederschlagsdaten zugrunde gelegt.

Die aktuellen KOSTRA-DWD-2020-Datensätze basieren auf statistischen Auswertungen von Niederschlägen aus dem Zeitraum 1951 bis 2020. Sie ermöglichen die Berechnung von Niederschlagshöhen und -spenden in Abhängigkeit von der Niederschlagsdauer (***D***) und der Jährlichkeit (***T***).

Diese Informationen sind essenziell für

- die Dimensionierung wasserwirtschaftlicher Bauwerke wie Kanalnetze, Kläranlagen, Pumpwerke und Rückhaltebecken,
- die Planung von Entwässerungssystemen und Versickerungsanlagen sowie
- die Einschätzung der Jährlichkeit von Starkregenereignissen zur Bewertung von Schadensereignissen.

Seit Juli 2017 stellt der Deutsche Wetterdienst die KOSTRA-DWD-Rasterdaten entgeltfrei und ohne Nutzungseinschränkungen zur Verfügung. Diese können über die Webseite des DWD oder über spezielle Plattformen wie http://www.openko.de heruntergeladen werden.

Die Verwendung der KOSTRA-DWD-Daten ermöglicht eine präzise und zukunftsorientierte Planung von Entwässerungssystemen, die sowohl alltäglichen Anforderungen als auch extremen Wetterereignissen gerecht werden kann. Angesichts des Klimawandels und der zunehmenden Häufigkeit von Starkregenereignissen gewinnt die Nutzung dieser Daten weiter an Bedeutung für eine nachhaltige und resiliente Siedlungswasserwirtschaft.

KOSTRA-DWD 2020

Nach den Vorgaben des Deutschen Wetterdienstes - Hydrometeorologie -

DWD

Niederschlagsspenden nach KOSTRA-DWD 2020

Rasterfeld : Spalte 140, Zeile 109 INDEX_RC : 109140

Ortsname : Musterort

Bemerkung : Musterort

Dauerstufe D	Niederschlagsspenden rN [l/(s·ha)] je Wiederkehrintervall T [a]								
	1 a	2 a	3 a	5 a	10 a	20 a	30 a	50 a	100 a
5 min	213,3	263,3	293,3	330,0	386,7	446,7	483,3	533,3	603,3
10 min	143,3	175,0	195,0	220,0	258,3	296,7	321,7	355,0	401,7
15 min	110,0	134,4	148,9	168,9	197,8	227,8	246,7	272,2	308,9
20 min	90,0	110,8	122,5	139,2	163,3	187,5	203,3	224,2	254,2
30 min	68,3	83,3	92,8	105,0	122,8	141,1	153,3	168,9	191,7
45 min	51,1	62,2	69,3	78,5	91,9	105,9	114,8	126,7	143,7
60 min	41,4	50,6	56,4	63,9	74,7	85,8	93,3	102,8	116,7
90 min	30,7	37,6	41,9	47,6	55,6	63,9	69,3	76,5	86,7
2 h	24,9	30,4	33,9	38,5	45,0	51,7	56,1	61,8	70,1
3 h	18,4	22,6	25,1	28,4	33,3	38,2	41,6	45,8	51,9
4 h	14,9	18,2	20,3	23,0	26,9	30,9	33,5	37,0	41,9
6 h	11,0	13,5	15,0	17,0	19,9	22,8	24,8	27,4	31,0
9 h	8,1	9,9	11,1	12,6	14,7	16,9	18,3	20,2	22,9
12 h	6,6	8,0	8,9	10,1	11,8	13,6	14,8	16,3	18,5
18 h	4,8	5,9	6,6	7,5	8,7	10,0	10,9	12,0	13,6
24 h	3,9	4,8	5,3	6,0	7,0	8,1	8,8	9,7	11,0
48 h	2,3	2,8	3,2	3,6	4,2	4,8	5,2	5,8	6,5
72 h	1,7	2,1	2,3	2,6	3,1	3,6	3,9	4,3	4,8
4 d	1,4	1,7	1,9	2,1	2,5	2,9	3,1	3,4	3,9
5 d	1,2	1,4	1,6	1,8	2,1	2,4	2,6	2,9	3,3
6 d	1,0	1,2	1,4	1,6	1,8	2,1	2,3	2,5	2,9
7 d	0,9	1,1	1,2	1,4	1,6	1,9	2,0	2,3	2,6

Legende

T Wiederkehrintervall, Jährlichkeit in [a]: mittlere Zeitspanne, in der ein Ereignis einen Wert einmal erreicht oder überschreitet

D Dauerstufe in [min, h, d]: definierte Niederschlagsdauer einschließlich Unterbrechungen

rN Niederschlagsspende in [l/(s·ha)]

***Bild 7:** Mustertabelle KOSTRA-DWD (Quelle: DWD)*

Baugrunderkundung und Dränage von Grundstücken

Für die Planung von Anlagen der Grundstücksentwässerung und Maßnahmen der Starkregenvorsorge bei Gebäuden sind Kenntnisse des Baugrunds und des anstehenden Bodens erforderlich. Von besonderem Interesse ist die Wasserdurchlässigkeit des Baugrunds, da diese einen wesentlichen Einfluss auf die Ableitung von Oberflächenwasser durch Versickerung im Boden hat. Außerdem entscheiden die Art des anstehenden Baugrunds sowie die Lage von Bodenschichten mit unterschiedlicher Wasserdurchlässigkeit die Intensität der Wassereinwirkung auf die erdberührten Bauteile eines Bauwerks. In diesem Zusammenhang spielen auch Dränanlagen eine wichtige Rolle, die aufstauendes Sickerwasser in wenig wasserdurchlässigen Böden ableiten und dadurch drückendes Wasser vom Baukörper fernhalten sollen. Eine geringere Wassereinwirkung auf die erdberührten Bauteile ist von Vorteil, da die Abdichtung in diesem Fall einfacher ausgeführt werden kann. Die Kenntnis des Baugrunds ist außerdem wichtig für die Planung von Versickerungsanlagen, mit denen das anfallende Regenwasser direkt auf dem Grundstück in den Boden abgeleitet wird.

Die Zusammenhänge sind in Bild 1 dargestellt. Bei stark wasserdurchlässigem Baugrund (Wasserdurchlässigkeitsbeiwert $\boldsymbol{k} > 10^{-4}$ m/s) versickert das Oberflächenwasser (z. B. Niederschlagswasser) der Schwerkraft folgend bis zum Grundwasserspiegel, ohne dass es zum Aufstau kommt (Bild 1, oben). Dadurch wird hydrostatischer Druck am Baukörper vermieden. In diesem Fall darf die Abdichtung der erdberührten Bauteile für Bodenfeuchte und nicht drückendes Wasser ausgelegt werden (Wassereinwirkungsklasse W1.1-E). In wenig wasserdurchlässigem Baugrund ($\boldsymbol{k} \leq 10^{-4}$ m/s) kann das Oberflächenwasser nicht schnell genug im Boden versickern, sodass es zeitweise zu einem Aufstau kommen kann. Als höchster Wasserstand ist die Geländeoberfläche anzunehmen. Der Baukörper wird durch drückendes Wasser beansprucht (W2-E). Die Abdichtung ist für W2-E auszulegen und auf der Außenseite der Bauteile anzuordnen (Bild 1, Mitte). Abhilfe gegen zeitweise drückendes Wasser in wenig wasserdurchlässigen Böden schafft nur der Einbau einer Dränanlage. Diese sammelt das Sickerwasser und leitet es planmäßig ab, ohne dass es zum Aufstau am Baukörper und damit zu hydrostatischem Druck kommt. Die Abdichtung braucht – wie in stark wasserdurchlässigen Böden – nur für Bodenfeuchte und nicht drückendes Wasser bemessen zu werden (W1.2-E; Bild 1, unten).

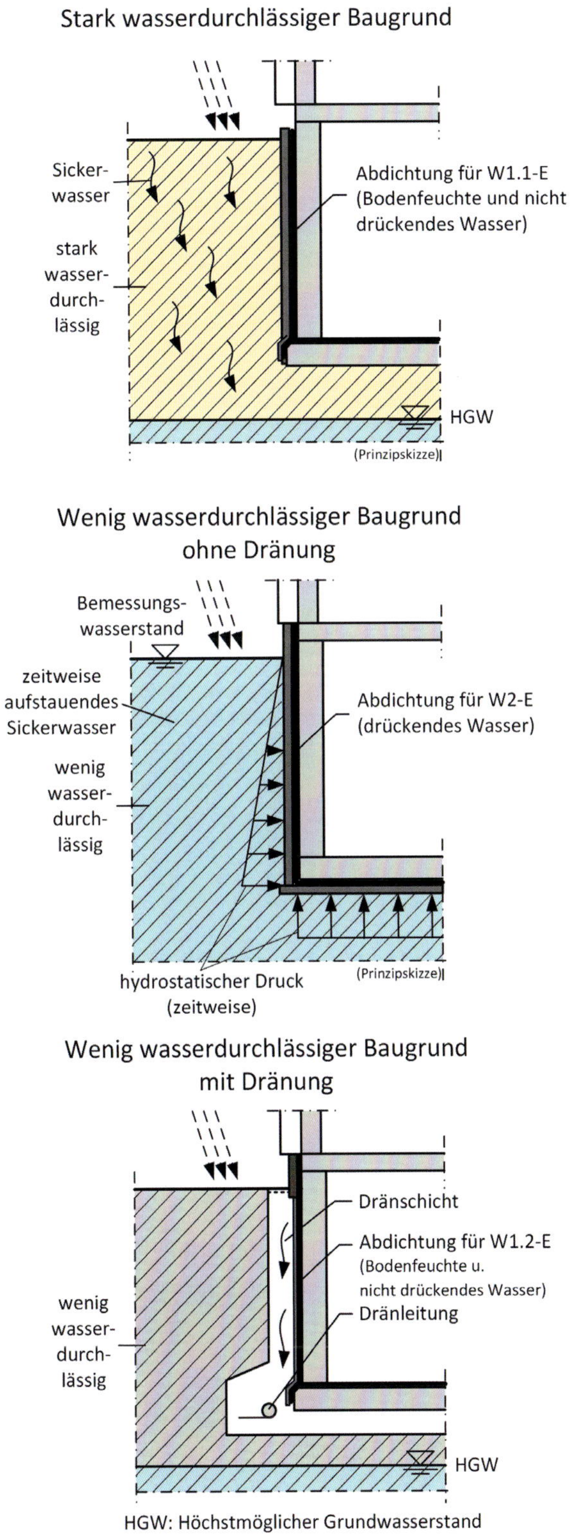

***Bild 1:** Bedeutung des Baugrunds für die Entwässerung von Grundstücken (Quelle: Schmidt)*

Regelwerke und Grundlagen

Nachfolgend werden zunächst wichtige Regelwerke, die im Zusammenhang mit der hier behandelten Thematik zu beachten sind, thematisch geordnet angegeben sowie ihre Anwendungsbereiche kurz erläutert. Außerdem werden Grundlagen, die im Zusammenhang mit der Anwendung der Normen von Bedeutung sind, erläutert.

Gebäude- und Grundstücksentwässerung

DIN 1986-100 i. V. m. DIN EN 12056 und DIN EN 752

Zentrales Regelwerk für die Planung der Gebäude- und Grundstücksentwässerung ist die nationale DIN 1986-100 „Entwässerungsanlagen für Gebäude und Grundstücke“, die in Verbindung mit den beiden europäischen Normen DIN EN 12056 und DIN EN 752 anzuwenden ist. DIN EN 12056 enthält Regelungen für Schwerkraftentwässerungsanlagen innerhalb von Gebäuden, während DIN EN 752 für Entwässerungssysteme außerhalb von Gebäuden gilt.

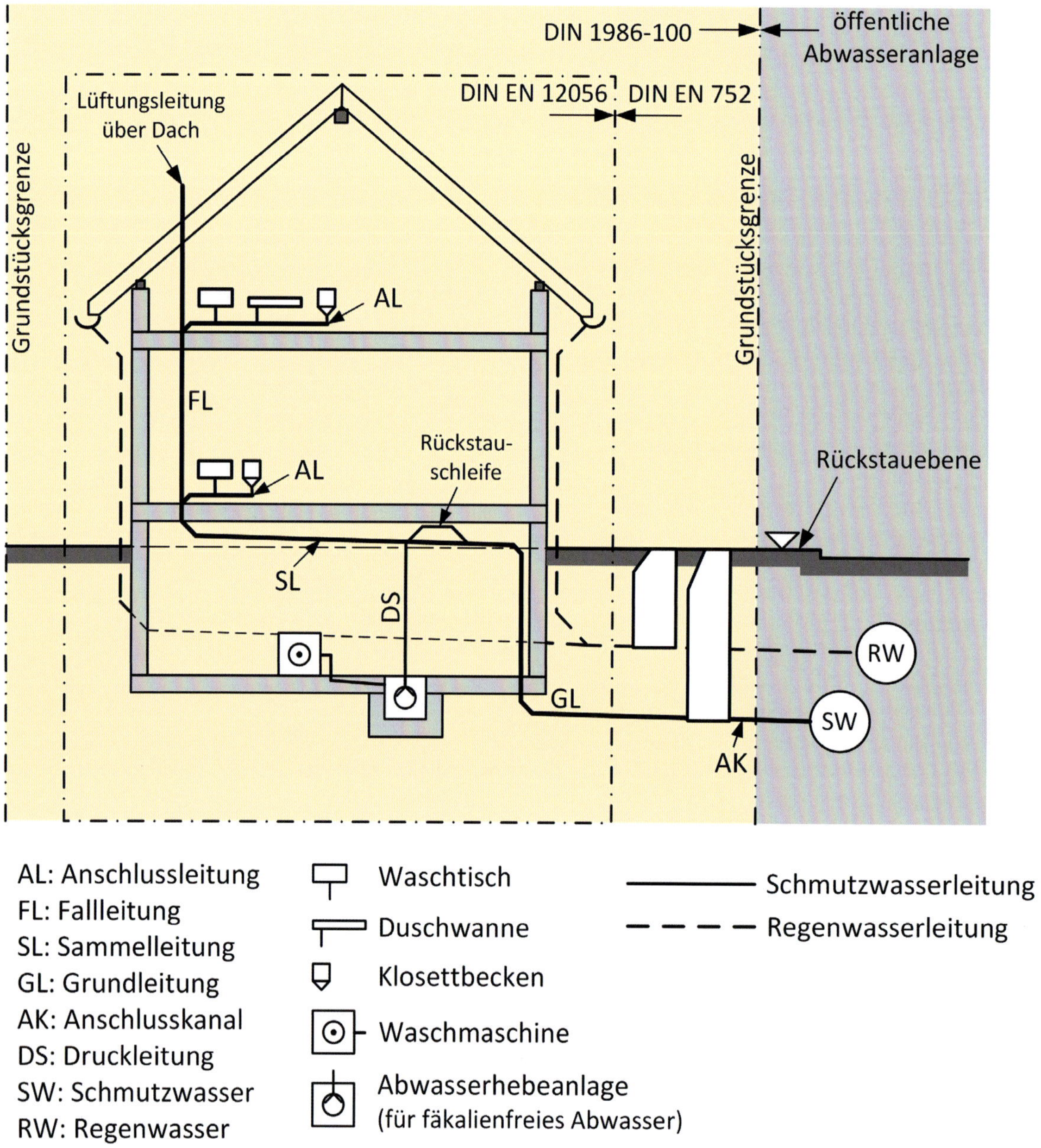

Bild 2: *Anwendungsbereich der DIN 1986-100 sowie der zugehörigen europäischen Normen DIN EN 12056 und DIN EN 752 (Quelle: Schmidt)*

Der Geltungsbereich der DIN 1986-100 erstreckt sich ausschließlich auf Grundstücke, d. h., die Grundstücksgrenze ist gleichzeitig Anwendungsgrenze für diese Norm (Bild 2). Die nationale DIN 1986-100 legt einheitliche technische Bestimmungen fest, die für die Planung und Ausführung sowie den Betrieb und die Instandhaltung von Entwässerungsanlagen auf Grundstücken zu beachten sind. Sie enthält außerdem ergänzende Regelungen zu den beiden genannten europäischen Normen DIN EN 12056 (innerhalb von Gebäuden) und DIN EN 752 (außerhalb von Gebäuden). Auf die Regelungen der DIN 1986-100 i. V. m. den beiden europäischen Normen DIN EN 752 und DIN EN 12056 wird hier nicht weiter eingegangen, da diese in den anderen Teilen dieses Werks bereits ausführlich behandelt werden.

Geotechnische Untersuchungen

DIN EN 1997-2 i. V. m. DIN 4020

Zentrales Regelwerk für geotechnische Untersuchungen ist DIN EN 1997-2 „Eurocode 7: Entwurf, Berechnung und Bemessung in der Geotechnik – Teil 2: Erkundung und Untersuchung des Baugrunds" einschließlich des zugehörigen Nationalen Anhangs (DIN EN 1997-2/NA). Außerdem ist die nationale DIN 4020 „Geotechnische Untersuchungen für bautechnische Zwecke – Ergänzende Regelungen zu DIN EN 1997-2" zu beachten, die zusätzliche national geltende Regelungen enthält. Außerdem sind die anderen Teile des Eurocode 7 (DIN EN 1997) zu beachten.

Bodenklassifikation und Bodenart

DIN 18196 i.V. m. DIN EN ISO 14688-1

DIN 18196 „Erd- und Grundbau – Bodenklassifikation für bautechnische Zwecke" gilt für die Klassifizierung von Bodenproben. Die Klassifizierung basiert auf den Regelungen in der internationalen Norm DIN EN ISO 14688-1. Mit DIN 18196 werden die verschiedenen Bodenarten zu Bodengruppen zusammengefasst, die einen näherungsweise gleichen stofflichen Aufbau sowie ähnliche bodenphysikalische Eigenschaften aufweisen. Der informative Anhang A in DIN 18196 enthält außerdem zusätzliche Angaben für die Beurteilung der Eignung der Bodengruppen hinsichtlich ihrer Verwendung für bautechnische Zwecke, z. B. als Baugrund für Gründungen oder als Baustoff für Dränanlagen. Bei der Anwendung der DIN 18196 ist zu beachten, dass das Dokument nicht für die Klassifizierung von Fels und Felsgesteinen gilt.

Bestimmung der Bodenart

Für die Bestimmung der Bodenart ist DIN 19682-2 heranzuziehen. Die Norm beschreibt die Bestimmung der Bodenart mit dem Feldverfahren mittels sog. Fingerprobe. Dabei dienen verschiedene Eigenschaften einer feuchten Bodenprobe zur Bestimmung der Bodenart. Es gelten folgende Zusammenhänge:

- **Ton** ist gut formbar und hat klebrige, bindige Eigenschaften. Er schmutzt und zeigt glänzende Gleitflächen.
- **Schluff** ist mäßig formbar und weist eine mehlige Beschaffenheit auf. Er schmutzt nicht und zeigt raue Gleitflächen.
- **Sand** ist nicht formbar und schmutzt nicht. Außerdem weist Sand eine sichtbar körnige Beschaffenheit auf.
- **Lehm** besteht aus allen drei zuvor genannten Kornfraktionen, ist demnach eine Mischung aus Sand, Schluff und Ton.

Wasserdurchlässigkeitsbeiwert

Der Wasserdurchlässigkeitsbeiwert k gibt die Durchlässigkeit von Böden gegenüber Wasser an. Er ist definiert als Quotient aus der Filtergeschwindigkeit v und dem hydraulischen Gefälle i bei laminarer Durchströmung, d. h., es gilt:

$$k = v/i.$$

Der Wasserdurchlässigkeitsbeiwert wird in der Einheit (m/s) angegeben.

DIN 18130 und DIN EN ISO 17892-11

Für die Bestimmung des Wasserdurchlässigkeitsbeiwerts existieren die Normen DIN 18130-2 (Bestimmung im Feldversuch) und DIN EN ISO 17892-11 (Bestimmung im Laborversuch). Anhaltswerte für den Wasserdurchlässigkeitsbeiwert k sind in Tabelle 1 angegeben.

Tabelle 1: *Durchlässigkeitsbereiche von Böden (in Anlehnung an E DIN 4095-1:2024-04, Tabelle 1)*

Wasserdurchlässigkeitsbeiwert **k in m/s**	**Bezeichnung**	**Hydrogeologische Einstufung**	**Beispiele**	**Bezeichnung nach DIN 18533-1**
$k < 10^{-8}$	sehr gering durchlässig	Grundwassernichtleiter	Ton schluffiger Ton	wenig wasserdurchlässiger Boden
$10^{-8} \leq k < 10^{-6}$	gering durchlässig	Grundwassergeringleiter	Schluff sandiger Schluff	wenig wasserdurchlässiger Boden
$10^{-6} \leq k < 10^{-4}$	durchlässig	Grundwasserleiter	Feinsand Sand-Schluff-Gemische	wenig wasserdurchlässiger Boden
$10^{-4} \leq k < 10^{-2}$	stark durchlässig	Grundwasserleiter	Mittel- und Grobsand sandiger Kies	stark wasserdurchlässiger Boden
$k \geq 10^{-2}$	sehr stark durchlässig	Grundwasserleiter	Kies Schotter	stark wasserdurchlässiger Boden

Der Wasserdurchlässigkeitsbeiwert des Bodens wird beispielsweise benötigt, um die Art der Wassereinwirkung der Abdichtung von erdberührten Bauteilen zu bestimmen. Beispielsweise kann sich in wenig wasserdurchlässigen Böden wie Ton und Schluff Wasser nach Niederschlägen aufgrund der geringen Versickerungsleistung im Boden zeitweise aufstauen und die Abdichtung durch drückendes Wasser beanspruchen. In stark wasserdurchlässigen Böden ist drückendes Wasser dagegen nicht möglich, sofern der Baukörper nicht ins Grundwasser eintaucht.

Abdichtung von erdberührten Bauteilen

DIN 18533

Art und Auslegung der Abdichtung von erdberührten Bauteilen, wie Bodenplatte, Kelleraußenwände und Wandsockel, sind von der Wassereinwirkung abhängig. Diese wird im Wesentlichen durch den anstehenden Baugrund (insbesondere seine Wasserdurchlässigkeit), die Lage von wenig oder nicht wasserdurchlässigen Schichten und der Höhe des Grundwasserstands bestimmt. Maßgebende Normenreihe für die Planung und Ausführung der Abdichtung von erdberührten Bauteilen ist die gleichnamige Normenreihe DIN 18533.

In Teil 1 der Norm (DIN 18533-1) sind Wassereinwirkungsklassen festgelegt, die als Grundlage für die Wahl und Auslegung der Abdichtung dienen. Die Wassereinwirkungsklassen sind von der Art und Intensität der zu erwartenden Wassereinwirkung sowie von der anstehenden Bodenart bzw. dem Baugrund und der Lage des Baukörpers in Bezug zum Bemessungsgrundwasserstand abhängig. Im Einzelnen werden folgende Wassereinwirkungsklassen unterschieden:

- W1-E: Bodenfeuchte und nicht drückendes Wasser
- W2-E: Drückendes Wasser
- W3-E: Nicht drückendes Wasser auf erdüberschütteten Decken
- W4-E: Spritzwasser und Bodenfeuchte am Wandsockel sowie Kapillarwasser in und unter Wänden

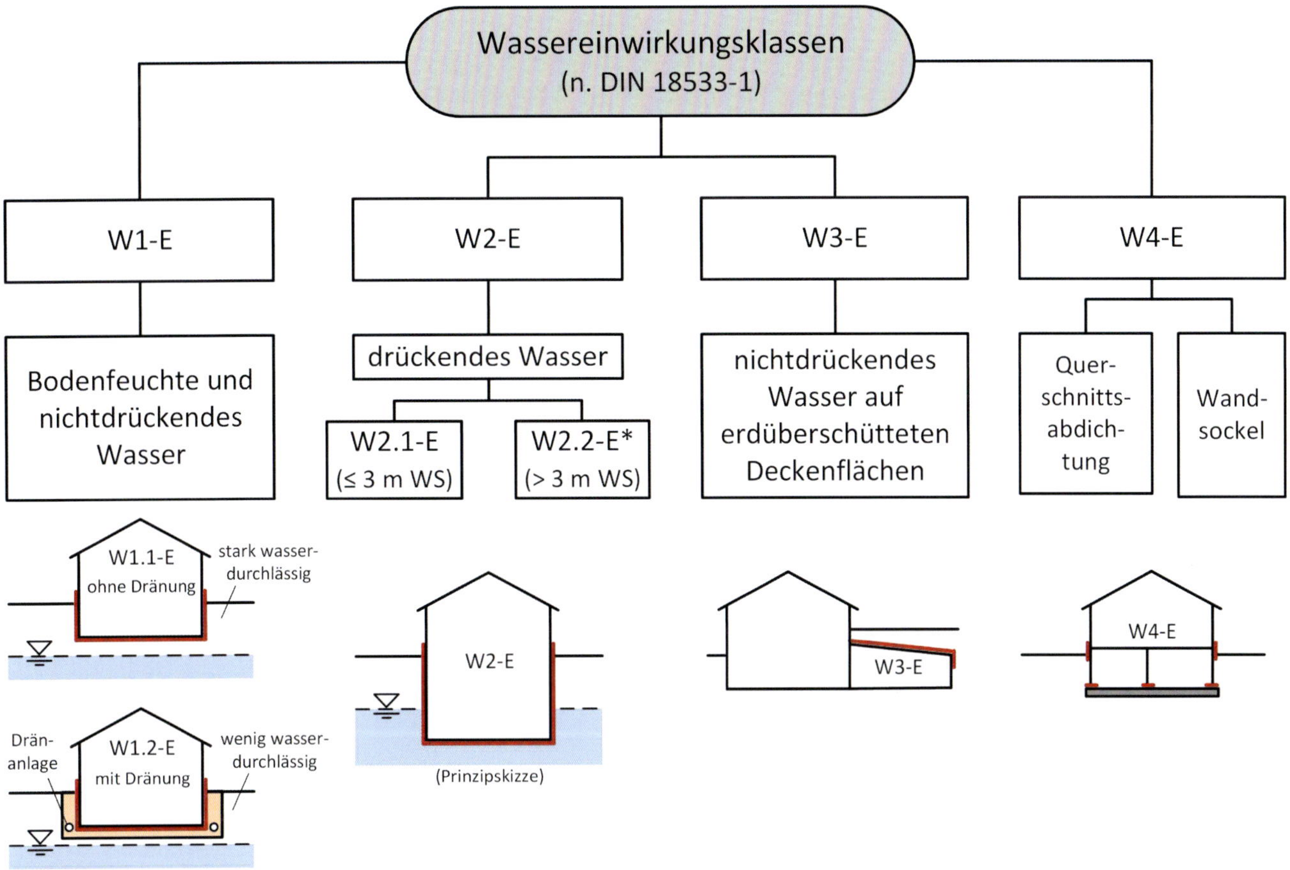

Bild 3: *Wassereinwirkungsklassen (in Anlehnung an DIN 18533-1) (Quelle: Schmidt)*

Dränung

DIN 4095

Für die Dränung, d. h. Entwässerung des Bodens, gilt DIN 4095 „Dränung zum Schutz baulicher Anlagen“. Die Norm regelt die Planung, Bemessung und Ausführung von Dränanlagen, mit denen die Entwässerung des Bodens vorgenommen wird. Die geltende Ausgabe der DIN 4095 stammt aus dem Jahr 1990 und gilt in Teilen inhaltlich als überholt. Aus diesem Grund sollten die ergänzenden Regelungen im Merkblatt „Dränung zum Schutz baulicher Anlagen“, das vom Verband Baugewerblicher Unternehmer Hessen e. V. herausgegeben wurde (Ausgabe Januar 2018), zusätzlich beachtet werden. Außerdem liegt zzt. ein Normentwurf zu DIN 4095-1 (E DIN 4095-1:2023-03) vor, der wesentlich differenziertere Regeln zur Wassereinwirkung im Boden enthält als die bisherige Fassung der Norm. Der Entwurf E DIN 4095-1 beschreibt detailliert die Schnittstelle zwischen dem Geotechnischen Bericht und den hydrogeologischen Baugrundverhältnissen sowie der Planung, Bemessung und Ausführung von erdberührten Bauteilen. Für die Ausführung von Drän- und Versickerarbeiten ist außerdem ATV DIN 18308 zu beachten. Die Norm ist Teil der VOB/C (Verdingungsordnung für Bauleistungen – Allgemeine Technische Vertragsbedingungen [ATV]) und gilt für Dränungen mit Rohren sowie für rohrlose Dränungen und für die Ausführung von Versickeranlagen.

Erdarbeiten

ATV DIN 18300

Für die Ausführung von Erdarbeiten ist ATV DIN 18300 zu beachten. Die Norm ist Teil der VOB/C und gilt für das Lösen, Laden, Fördern sowie Einbauen und Verdichten von Boden und Fels sowie sonstige ähnliche Stoffe.

Sonstige Vorschriften

Zusätzlich zu den zuvor genannten Normen und Regelwerken sind in Abhängigkeit von der Planungsaufgabe weitere Vorschriften bei der Baugrunderkundung und Planung von Dränanlagen zu beachten. Beispielhaft sei hier das „Gesetz zur Ordnung des Wasserhaushalts (Wasserhaushaltsgesetz – WHG)“ in der aktuellen Fassung genannt.

Baugrunderkundung

Zweck

Mit der Erkundung des Baugrunds wird primär das Ziel verfolgt, Risiken durch den Baugrund für das Bauwerk zu begrenzen und die Planung einer auf das Bauwerk abgestimmten Gründung sicherzustellen.

Zentrales Regelwerk für die Erkundung und Untersuchung des Baugrunds ist DIN EN 1997-2 in Verbindung mit dem zugehörigen Nationalen Anhang (DIN EN 1997-2/NA). Die Norm legt Regeln fest für die Planung von Baugrunduntersuchungen und deren Berichterstellung (geotechnischer Bericht), für allgemeine Anforderungen an Labor- und Feldversuche, für die Interpretation und Beurteilung von Versuchsergebnissen und für die Ableitung von geotechnischen Kennwerten und Informationen.

Im Zusammenhang mit der in diesem Werk behandelten Thematik der Grundstücksentwässerung und Wassereinwirkung auf den Baukörper sind insbesondere die Wasserdurchlässigkeit des Bodens, die Lage und Neigung von wenig wasserdurchlässigen Schichten sowie die Lage des Grundwasserspiegels von Interesse.

Geotechnische Kategorien

Bauwerke werden in Abhängigkeit vom Schwierigkeitsgrad der Konstruktion sowie der Baugrundverhältnisse und den Wechselwirkungen zwischen Bauwerk und Umgebung in verschiedene geotechnische Kategorien eingeteilt (DIN EN 1997-1, 2.1).

Kategorie 1

Kategorie 1 darf nur für kleine und einfache Bauwerke mit geringem geotechnischen Schwierigkeitsgrad angenommen werden. Die grundsätzlichen Anforderungen können allein aufgrund von Erfahrung und qualitativen geotechnischen Untersuchungen erfüllt werden. Außerdem besteht kein bzw. nur ein vernachlässigbares Risiko. Eine Gefährdung durch Geländebruch oder Baugrundbewegungen besteht nicht. Der Baugrubenaushub bleibt i. d. R. oberhalb des Grundwasserspiegels.

Beispiele: Bauwerke mit geringen Gründungslasten (Einzellasten < 250 kN, Streckenlasten < 100 kN/m), tragfähiger Baugrund mit geringen Setzungseigenschaften, Grundwasserspiegel unterhalb der Aushubsohle der Baugrube, Baugruben mit einer Tiefe < 2,0 m.

Kategorie 2

Kategorie 2 gilt für konventionelle Gründungen und für Bauwerke, bei denen kein ungewöhnliches Risiko besteht oder schwierige Baugrundverhältnisse vorliegen. Die geotechnischen Nachweise sind i. d. R. zahlenmäßig zu führen, wobei die entsprechenden geotechnischen Kennwerte zu verwenden sind. Für die Planung und Bemessung sind die Routineverfahren für die Feld- und Laborversuche ausreichend.

Beispiele: Bauwerke mit Flächenfundamenten oder Gründungsplatten, Wände zur Abstützung von Boden oder Wasser.

Kategorie 3

Kategorie 3 umfasst Bauwerke und Baugrundverhältnisse, die nicht in die geotechnischen Kategorien 1 oder 2 eingeordnet werden können.

Beispiele: sehr große und ungewöhnliche Bauwerke, Bauwerke in seismisch gefährdeten Gebieten, Bauwerke in Gebieten mit instabilen Baugrundverhältnissen, Bauwerke mit hohen Lasten, tiefe Baugruben.

Die Kategorien dienen zur Festlegung der einzelnen geotechnischen Anforderungen.

Baugrund- und Grundwasseruntersuchungen

Die Baugrunduntersuchungen sind so zu planen und durchzuführen, dass die wesentlichen geotechnischen Informationen und Kennwerte in den verschiedenen Projektphasen zur Verfügung stehen. Die Untersuchungen umfassen die Bestimmung des anstehenden Bodens und deren Eigenschaften sowie die Bestimmung der Grundwasserverhältnisse. Die Erhebung der Daten ist sorgfältig vorzunehmen, außerdem sind die Informationen zu dokumentieren und zu bewerten. Im Einzelnen müssen die Informationen Angaben über die Baugrundverhältnisse, die Geologie (Wissenschaft über die Eigenschaften der Gesteine) und Geomorphologie (Wissenschaft über die Formen und Formbildung der Erd-/Geländeoberfläche), die Seismizität (Erdbebengefährdung) und die Hydrogeologie (Wissenschaft vom Wasser im Boden) enthalten.

Die geotechnischen Daten sollten mithilfe von Baugrunduntersuchungen aus Feld- und Laborversuchen ermittelt werden. Darüber hinaus sollten weitere Quellen herangezogen werden, wie z. B. geotechnische Daten bestehender Bauwerke oder Daten aus früheren Untersuchungen in der Umgebung des Planungsbereichs. Beispiele für Unterlagen, die ergänzend verwendet werden können, sind topografische, geologische und hydrogeologische Karten, Luftbilder und lokale Klimadaten. Besonders sorgfältig sollten Baugrunduntersuchungen in Bereichen durchgeführt werden, bei denen der Boden durch frühere Nutzungen bereits verändert wurde.

Die Baugrunduntersuchungen müssen eine möglichst genaue Beschreibung der bestehenden Boden- und Untergrundverhältnisse liefern, um eine Beurteilung folgender Punkte zu ermöglichen:

- Eignung des Grundstücks für das geplante Bauvorhaben
- Verformung des Baugrunds durch das Bauwerk einschließlich räumlicher Ausdehnung und zeitlichem Verlauf
- Sicherheit in Bezug auf Grenzzustände (z. B. Bodensenkung, -hebung, Auftrieb, Rutschungen)
- Einwirkungen des Baugrunds auf das Bauwerk
- Art der Gründung und Reihenfolge der Gründungsarbeiten
- Auswirkungen des Bauwerks und der Bauarbeiten auf die Umgebung
- Erfordernis zusätzlicher Baumaßnahmen (z. B. Baugrubenverbau usw.)
- Art, Ausdehnung von Bodenverunreinigungen im Planungsbereich und in der Umgebung

Neben den Baugrunduntersuchungen sind Grundwasseruntersuchungen durchzuführen. Diese sollen u. a. Informationen über die Lage des freien Grundwasserstands sowie die Tiefe, Mächtigkeit und Wasserdurchlässigkeit der wasserführenden Schichten liefern. Diese Daten sind insbesondere für die Wahl und Auslegung der Abdichtung der erdberührten Bauteile sowie für die Planung von Dränanlagen von Bedeutung.

Abfolge und Auswahl der Verfahren

Bei den Baugrunduntersuchungen ist folgende Abfolge einzuhalten:

- Voruntersuchungen für den Vorentwurf des Bauwerks
- Hauptuntersuchungen
- Kontrolluntersuchungen und baubegleitende Untersuchungen

Voruntersuchungen dienen dem Zweck, Daten für die Beurteilung der Gesamtstandsicherheit und Überprüfung der Eignung des Planungsbereichs für das geplante Bauwerk zu erhalten (z. B. Lage des Bauwerks, Beurteilung der Auswirkungen auf benachbarte Gebäude, Beschreibung der Entnahmestellen, Beurteilung der möglichen Gründungsarten, Planung der Haupt- und Kontrolluntersuchungen). Mit den Daten der Voruntersuchung soll eine Einschätzung des Baugrunds zu folgenden Angaben ermöglicht werden: Boden- und Felsart und ihre Schichtung, Lage des Grundwasserspiegels oder Profil des Porenwasserdrucks, vorläufige Angaben zu den Festigkeits- und Verformungseigenschaften des anstehenden Bodens, mögliche schädliche Kontaminationen von Baugrund oder Grundwasser.

Hauptuntersuchungen werden in Form von Feldversuchen und Laborversuchen durchgeführt. Feldversuche werden in situ durchgeführt und dienen zur Probengewinnung aus Boden und Fels, zur Bestimmung der Lage des Grundwasserspiegels oder des Porenwasserdruckprofils sowie für geophysikalische Untersuchungen. Bei Feldversuchen werden verschiedene Aufschlussverfahren angewendet, um die Eigenschaften des Baugrunds festzustellen, z. B. Druck- und Rammsondierungen, Pressiometerversuche, Durchlässigkeitsversuche und andere Verfahren (s. DIN EN 1997-2, 2.4.1). Für die Probenentnahme in Boden und Fels sowie Grundwassermessungen ist DIN EN 1997-2, Abschnitt 3, zu beachten. Laborversuche dienen zur Bestimmung von geotechnischen Kenngrößen von Proben, die zuvor mittels Feldversuchen gewonnen wurden, wie z. B. die Bestimmung von Trockendichte, Wassergehalt, Lagerungsdichte, Korngrößenverteilung, Durchlässigkeit und anderen Größen (s. DIN EN 1997-2, 2.4.2).

Kontrolluntersuchungen dienen zur Überprüfung, ob die Baugrundverhältnisse den Annahmen der Ausschreibung entsprechen. Zu den Kontrolluntersuchungen gehören beispielsweise die Überprüfung des Baugrundaufbaus während der Aushubarbeiten und die Inspektion der Baugrubensohle sowie Messungen des Grundwasserspiegels. Außerdem dienen Kontrolluntersuchungen zur Überprüfung des Verhaltens von Nachbarbauwerken und des Bauwerks selbst.

Hinweis

Sämtliche Daten und Ergebnisse der durchgeführten Untersuchungen sind im geotechnischen Untersuchungsbericht zu dokumentieren (siehe unten).

Aufschlüsse und Aufschlussverfahren

Aufschlüsse dienen zur Feststellung der Baugrundverhältnisse. Ihr Umfang und die anzuwendenden Verfahren sind von den Baugrundeigenschaften, den benötigten geotechnischen Kenngrößen sowie von den Grundwasserverhältnissen und ggf. weiteren Randbedingungen abhängig. Anordnung, Abstände und Tiefe der Aufschlüsse sind so zu wählen, dass ausreichende geotechnische Daten und Informationen über den Baugrund und die Lage des Grundwasserspiegels gewonnen werden. Die Anordnung erfolgt vorzugsweise in Rastern, z. B. ausgehend von den Eckpunkten des Bauwerks. Übliche Abstände von Aufschlüssen liegen zwischen 15 und 40 m bei Hoch- und Ingenieurbauwerken. Die Aufschlusstiefe muss so gewählt werden, dass alle vom Bauwerk beeinflussten Bodenschichten und die hydrologischen Verhältnisse (Grundwasserspiegel) ausreichend erfasst werden. Bezugsebene für die Aufschlusstiefe $\mathbf{z_a}$ ist die Unterkante des Bauwerks bzw. die Aushubsohle. Für Hoch- und übliche Ingenieurbauten gilt:

$z_a \geq \max\ (3b_F;\ 6{,}0\ \text{m})$

Dabei ist:

b_F kleinere Breite des Fundaments bzw. der Gründung

Bei Plattengründungen und Gründungen, deren Einflüsse sich überlagern (z. B. Gründungen in unterschiedlichen Tiefen), muss die Aufschlusstiefe $\mathbf{z_a}$ die 1,5-fache Breite der Gründung (kleineres Maß) betragen.

Als Aufschlussverfahren stehen direkte und indirekte Verfahren zur Verfügung, die in Kombination eingesetzt werden können. Bei direkten Aufschlussverfahren erfolgt die Erkundung des Baugrunds durch Bohrungen (DIN EN ISO 22475-1) oder direkt einsehbare Aufschlüsse (Anschnitte, Baugruben). Als indirekte Aufschlussverfahren stehen Rammsondierungen zur Bestimmung der Lagerungsdichte (DIN EN ISO 22476-2), Bohrlochrammsondierungen (DIN EN ISO 22476-14), Drucksondierungen zur Bestimmung von Spitzenwiderstand und Mantelreibung (DIN EN ISO 22476-1), Bohrlochaufweitungsversuche (DIN EN ISO 22476-4, -5, -7), Flügelscherversuche zur Bestimmung der Kohäsion und verschiedene geophysikalische Verfahren zur Verfügung. Für die genauen Anwendungsbereiche wird auf die genannten Normen und DIN EN 1997-2 verwiesen.

Baugrunduntersuchungen im Labor

Ziel von Laboruntersuchungen der gewonnenen Proben ist die Bestimmung der Phasenzusammensetzung, d. h. die Bestimmung der Volumen- und Massenanteile der festen, flüssigen und gasförmigen Bestandteile (Phasen), die in der Bodenprobe enthalten sind. Typische Kenngrößen sind Dichte, Wichte (auch unter Auftrieb), Wassergehalt, Trockendichte, Korndichte und daraus abgeleitete Kenngrößen (z. B. Porenanteil, Sättigungszahl). Außerdem werden im Labor Versuche zur Klassifizierung von Boden und Fels durchgeführt. Maßgebende Normen sind DIN 18196 zur Klassifizierung von Kennwerten und DIN EN ISO 14688-1 bzw. DIN EN ISO 14689 zur Benennung von Boden und Fels. Eine Klassifizierung wird nach folgenden Kriterien vorgenommen:

- Korngrößenverteilung (Unterscheidung in grobkörnige, gemischtkörnige und feinkörnige Böden)
- Lagerungsdichte grobkörniger Böden

Benennung von Böden

Für die Benennung und Beschreibung von Boden und Fels gilt DIN EN ISO 14688-1. Die Benennung erfolgt nach der stofflichen Zusammensetzung, wobei eine Unterscheidung in mineralische, organische und kalkhaltige Böden sowie weitere Bodenarten (vulkanische, glazigene, sulfidische und anthrogene Böden sowie Löss) vorgenommen wird.

Mineralische Böden bestehen aus Ton, Schluff, Sand und Kies. Sie werden aufgrund ihrer Korngrößenfraktionen in sehr grobkörnige, grobkörnige und feinkörnige Böden unterschieden:

- Feinkörnige Böden sind Böden mit Korngrößen $\leq 0{,}063$ mm (Ton, Schluff).
- Grobkörnige Böden weisen Korngrößen von $> 0{,}063$ bis ≤ 63 mm auf (Feinsand bis Kies).
- Sehr grobkörnige Böden besitzen Korngrößen von > 63 mm (Steine, Blöcke).

Organische Böden sind reich an organischen Bestandteilen. Typische organische Böden sind Torf und Mutterboden oder Humus. Anthropogene Böden sind Böden, die durch den Menschen verändert wurden und anthropogene Bestandteile enthalten. Auch Aufschüttungen und umgelagerte Böden zählen hierzu. Für weitere Informationen wird auf die Norm verwiesen.

Geotechnischer Untersuchungsbericht

Sämtliche Daten und Ergebnisse aus den Baugrunduntersuchungen sind in einem geotechnischen Untersuchungsbericht zusammenzufassen, der Teil des geotechnischen Entwurfsberichts sein muss. Der geotechnische Untersuchungsbericht muss folgende Angaben enthalten:

- Ziel und Anwendungsbereich der geotechnischen Untersuchungen, Beschreibung des Baugeländes sowie des geplanten Bauwerks
- Einstufung des Bauwerks in eine geotechnische Kategorie
- Namen der Gutachter und Subunternehmer
- Datum, Zeit der durchgeführten Feld- und Laborversuche
- Ergebnisse der örtlichen Besichtigung (u. a. Anzeichen für Grundwasser, Geschichte und Geologie des Baugeländes, Vermessungsdaten, Aufschlüsse, Störungen)
- Dokumentation der Untersuchungsverfahren, Vorgehensweise und Ergebnisse einschließlich der Berichte über Feld- und Laborversuche und Grundwassermessungen

Die Beurteilung der geotechnischen Untersuchungen ist zu dokumentieren. Dabei müssen folgende Angaben enthalten sein:

- Ergebnisse der Feld- und Laborversuche nach DIN EN 1997-2 und kritische Würdigung
- Beschreibung der Lagerung der Schichten, ihrer physikalischen Eigenschaften und ihres Deformations- und Festigkeitsverhaltens
- Kenngrößen für jede Schicht
- Hinweise auf Unregelmäßigkeiten im Boden wie z. B. Hohlräume und Bereiche mit Störungen
- Bodenart
- Bohrverfahren und Probenentnahmeverfahren sowie Transport und Herstellung der Probekörper für die Laborversuche
- Unterteilung der Schichten, die aufgrund von Vorstudien und der örtlichen Besichtigung überprüft wurden
- Lage des Grundwasserspiegels
- hydrogeologische Kennzeichnung der Baugrundschichten als Grundwasserleiter, Grundwassergeringleiter oder Grundwasserstauer
- bei grundwasserstauenden Schichten ist anzugeben, ob diese nur lokal auftreten oder großräumig vorhanden sind

Dränanlagen

Zweck

Dränanlagen dienen zur planmäßigen Entwässerung des Bodens, um drückendes Wasser vom Baukörper fernzuhalten und dadurch Abdichtungsmaßnahmen zu erleichtern. Sie werden in folgenden Fällen angeordnet:

1. Bei wenig wasserdurchlässigem Baugrund (Wasserdurchlässigkeitsbeiwert $\boldsymbol{k} \leq 10^{-4}$ m/s), wenn der Bemessungswasserstand mindestens 50 cm unterhalb der untersten Abdichtungsebene liegt (Wassereinwirkungsklasse W1.2-E nach DIN 18533-1). In diesem Fall wird hydrostatischer Druck durch zeitweise aufstauendes Sickerwasser auf die erdberührten Bauteile und deren Abdichtung verhindert, da die Dränanlage das anfallende Wasser sammelt und planmäßig abführt.
2. Bei Gebäuden in Hanglage, die durch Hangwasser beansprucht werden. In diesem Fall sammelt die Dränanlage das auf den Baukörper zuströmende Wasser und leitet es ab. Drückendes Wasser am Baukörper wird somit vermieden.

Voraussetzungen hierfür sind die fachgerechte Planung, Bemessung und Ausführung der Dränanlage. Weiterhin ist sicherzustellen, dass die Dränanlage ihre Funktionsfähigkeit auf Dauer beibehält. Hierzu sind einerseits Kontroll- und Spüleinrichtungen vorzusehen und andererseits regelmäßige Inspektions- und Wartungsarbeiten durchzuführen.

Außerdem ist zu beachten, dass Dränanlagen bei ständig drückendem Wasser (Wassereinwirkungsklasse 2 nach DIN 18533-1) wirkungslos sind und daher in diesem Fall keine Reduzierung der Wassereinwirkung bewirken.

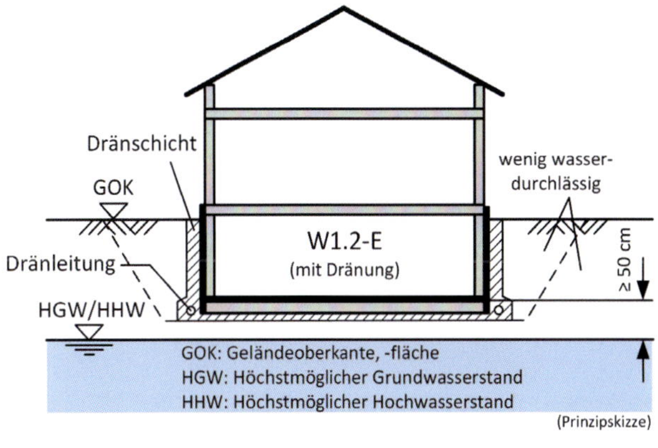

Bild 4: *Wassereinwirkungsklasse W1.2-E nach DIN 18533-1 (Quelle: Schmidt)*

Maßgebende Norm für die Planung, Ausführung und Instandhaltung von Dränanlagen ist DIN 4095 „Baugrund – Dränung zum Schutz baulicher Anlagen; Planung, Bemessung und Ausführung". Außerdem ist die Normenreihe DIN 18533 „Abdichtung von erdberührten Bauteilen" zu beachten, in der u. a. festgelegt wird, in welchen Fällen eine Dränanlage angeordnet werden kann und welche Randbedingungen einzuhalten sind. Ergänzende Regelungen finden sich in den Auslegungen bzw. Stellungnahmen des zuständigen Normenausschusses „Baugrund, Gebäudedränung" (NA 005-05-10 AA). Außerdem ist das Merkblatt „Dränung zum Schutz baulicher Anlagen – Baupraktische Hinweise zur DIN 4095" zu beachten.

Komponenten

Im Wesentlichen besteht eine Dränanlage aus den folgenden Komponenten:

- Dränschichten, in denen das Wasser an den Bauwerksflächen gesammelt und zu den Dränleitungen geführt wird
- Dränleitungen, d. h. spezielle Entwässerungsrohre, die zur planmäßigen Ableitung des anfallenden Wassers dienen
- Kontroll- und Spülschächte, die zur Kontrolle und Wartung der Dränanlage dienen und die dauerhafte Funktionsfähigkeit sicherstellen
- Vorfluter, in den das gesammelte Wasser abgegeben wird

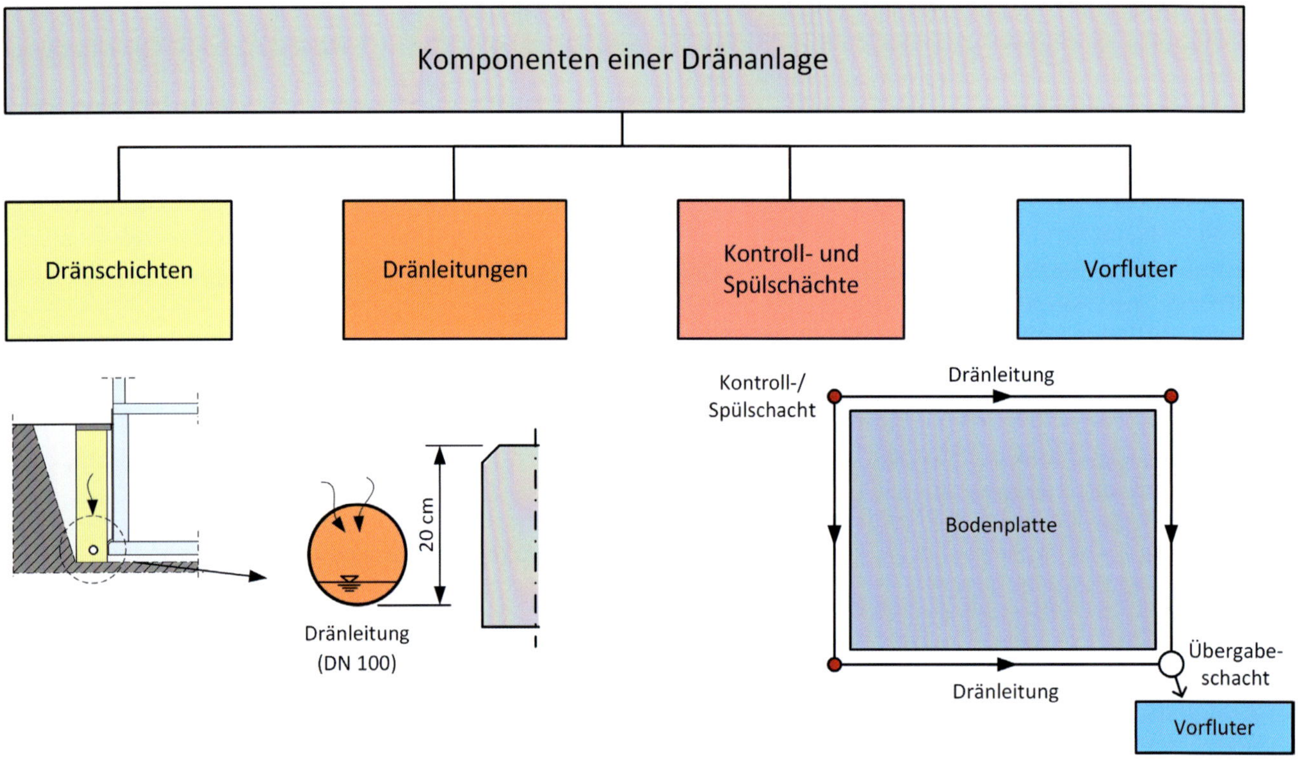

Bild 5: *Komponenten einer Dränanlage (Quelle: Schmidt)*

Geologische und hydrologische Untersuchungen

Planung und Bemessung von Dränanlagen erfordern geologische und hydrologische Untersuchungen, die im Einzelnen folgende Punkte umfassen:

1. Untersuchungen des Einzugsgebiets
2. Untersuchungen zur Art und Beschaffenheit des Baugrunds
3. Untersuchungen zur chemischen Beschaffenheit des Wassers
4. Prüfung der Vorflut
5. Untersuchungen zum Wasseranfall und zur Lage des Grundwasserstands

Zu 1.: Untersuchungen des Einzugsgebiets

Als Einzugsgebiet wird dasjenige Gebiet bezeichnet, aus dem der Dränanlage Wasser zugeführt wird. Im Rahmen der Untersuchungen sind Größe, Form und Oberflächengestalt des Einzugsgebiets durch eine Ortsbesichtigung festzustellen. Weiterhin wird empfohlen, zusätzliche Erhebungen von Daten durchzuführen, z. B. durch Auswertung topografischer und geologischer Karten des betreffenden Gebiets.

Weitergehende Untersuchungen können in bestimmten Fällen erforderlich werden. Hierzu gehören beispielsweise Dränanlagen für Bauwerke in Hang- oder Muldenlagen sowie für Gebäude, die sich in einem Quellgebiet befinden. Auch bei einem anstehenden Baugrund mit wasserführenden Schichten und Klüften sowie bei Bauwerken im Bereich von Grundwasservorkommen können zusätzliche Untersuchungen erforderlich sein. Bei Bauwerken mit einer großen Grundfläche können ebenfalls zusätzliche Untersuchungen des Einzugsgebiets notwendig werden. In den vorgenannten Sonderfällen kann es erforderlich sein, den Wasseranfall durch geeignete numerische Simulationsberechnungen zu ermitteln, wenn keine genauen Angaben durch Messungen vorliegen.

Hydrologische Simulationen zum Wasseranfall sind i. d. R. aufwendig und erfordern die Kenntnis umfangreicher und möglichst präziser Eingabedaten.

Zu 2.: Untersuchungen zur Art und Beschaffenheit des Baugrunds

Im Vorfeld der Planungen einer Dränanlage ist es erforderlich, den Baugrund zu untersuchen. Von Interesse sind dabei Art und Beschaffenheit des Baugrunds sowie insbesondere die Feststellung der Wasserdurchlässigkeit. Für die Bestimmung dieser Eigenschaften sind Bohrungen oder Schürfverfahren durchzuführen, sofern die örtlichen Erfahrungen keine ausreichenden Erkenntnisse liefern. Eine Übersicht über Anhaltswerte für den Wasserdurchlässigkeitsbeiwert ***k*** für verschiedene Bodenarten ist in der Tabelle 1 oben im Text angegeben.

Zu 3.: Untersuchungen zur chemischen Beschaffenheit des Wassers

Für die Planung einer Dränanlage muss die chemische Beschaffenheit des Wassers im Boden bekannt sein. Falls dies nicht der Fall ist, ist die chemische Zusammensetzung durch eine Wasseranalyse festzustellen. Dadurch soll das Entstehen von möglichen Kalkablagerungen und Verockerungen rechtzeitig erkannt werden. Verockerungen entstehen durch das Ausfällen von unlöslichen Oxidhydraten aus eisen- und manganhaltigem Wasser. Beim Vorhandensein von betonaggressiven Wässern ist zu beachten, dass diese zu Kalkausspülungen aus dem Beton führen können, was wiederum Ablagerungen in den Dränleitungen verursachen und die Funktionsfähigkeit der Dränanlage beeinträchtigen kann.

Zu 4.: Prüfung der Vorflut

Das von der Dränanlage gesammelte Wasser muss abgeleitet werden. Dazu sind entsprechende Untersuchungen der Vorflut sowohl in baulicher als auch in wasserrechtlicher Hinsicht erforderlich.

Zu 5.: Untersuchungen zum Wasseranfall und Grundwasserstand

Der Wasseranfall, d. h. diejenige Wassermenge, die an den erdberührten Bauteilen (erdberührte Wände, Bodenplatten, erdüberschüttete Decken) auftreten kann, ist von verschiedenen Einflussgrößen abhängig. Hierzu gehören:

- die Größe des Einzugsgebiets
- die vorhandene Geländeneigung
- die Schichtung sowie Wasserdurchlässigkeit des anstehenden Bodens
- die zu erwartende Niederschlagsmenge

Damit die Dränanlage ausreichend dimensioniert wird, muss der Wasseranfall im Vorfeld möglichst genau ermittelt werden. Hierzu wird als rechnerische Größe die Abflussspende, d. h. die Wassermenge, die tatsächlich von der Dränanlage abgeleitet werden muss, herangezogen. Bei erdberührten Wänden bezieht sich die Abflussspende ***q'*** auf die Wandlänge (***q'*** in l/(s x m)). Bei Decken und Bodenplatten wird die Abflussspende ***q*** auf die zu entwässernde Fläche bezogen (***q*** in l/(s x m^2)).

Bei der Abschätzung der Abflussspende durch eine Ortsbesichtigung ist zu beachten, dass trockene Baugruben keinen ausreichenden Hinweis für den tatsächlichen Wasseranfall geben. Der Wasseranfall kann durch Niederschläge, Schneeschmelze und Schwankungen des Grundwasserspiegels beeinflusst werden und erheblich größer sein als zum Zeitpunkt des Aushubs. Weiterhin ist bei der Planung einer Dränanlage auch der zusätzliche Wasseranfall aus angrenzenden Einzugsgebieten, benachbarten Deckenflächen und Fassaden zu berücksichtigen, der je nach Größe der Einzugsflächen ebenfalls erheblich sein kann.

Für die Planung einer Dränanlage kann der ungünstigste Grundwasserstand durch Bohrungen oder Schürfungen, aus Erfahrungen bei Nachbargrundstücken oder durch Auskünfte von zuständigen Ämtern oder Behörden ermittelt werden. Außerdem ist zu beachten, dass der Grundwasserstand starken Schwankungen unterliegen kann.

Anforderungen

Nach DIN 4095 sind folgende Anforderungen zu erfüllen:

1. Dränleitungen und Dränschichten müssen filterfest sein. Das bedeutet, dass ein Ausschlämmen von Bodenteilchen in die Dränleitungen und -schichten unterbunden wird, um die Funktionsfähigkeit der Dränanlage sicherzustellen und einen ungehinderten Abfluss des gesammelten Wassers zu gewährleisten.
2. Die Abflussspende in der Dränschicht muss drucklos abgeleitet und von der Dränleitung aufgenommen werden.
3. In der Dränleitung ist ein zeitweiser Aufstau von höchstens 20 cm bezogen auf die Dränrohrsohle zulässig.

Weiterhin werden in DIN 4095 Anforderungen für die Regelausführung (Regelfall) und Sonderausführung (Sonderfall) definiert. Die Dränanlage darf nach der Regelausführung nur geplant werden, wenn folgende Voraussetzungen gegeben sind.

Dränanlagen vor Wänden:

- ebenes bis leicht geneigtes Gelände
- schwach durchlässiger Boden
- Einbautiefe der Dränanlage höchstens 3 m unter Geländeoberfläche
- Gebäudehöhe bis max. 15 m
- Länge der Dränleitung zwischen Hoch- und Tiefpunkt max. 60 m

Dränanlagen unter Bodenplatten:

- wenig durchlässiger Boden
- bebaute Fläche höchstens 200 m^2

Für Dränanlagen auf Decken siehe DIN 4095. Sind die oben angegebenen Bedingungen erfüllt, darf die Dränanlage mit dem vereinfachenden Verfahren nach DIN 4095, Abschnitt 6.2, bemessen werden (Regelfall). Besondere Nachweise sind in diesem Fall nicht erforderlich. Allerdings ist zu beachten, dass die direkte Einleitung von Oberflächenwasser in die Dränanlage (z. B. aus Regenfallleitungen o. Ä.) sowie die Einleitung von Wasser, das aus angrenzenden Hanglagen anfällt, nicht zulässig ist. Trifft eine der o. g. Bedingungen nicht zu oder erfolgt eine planmäßige Einleitung von zusätzlichem Oberflächen- oder Hangwasser in die Dränanlage, liegt ein Sonderfall vor und die Dränanlage ist nach DIN 4095, Abschnitt 6.3, zu bemessen.

Planung

Für die Planung von Dränanlagen gilt DIN 4095, Abschnitt 5. Danach darf die Standsicherheit des Bauwerks durch eine Dränanlage nicht beeinträchtigt werden. Außerdem muss die Dränanlage in den Entwässerungsplan nach DIN 1986-100 aufgenommen werden. Je nach Lage wird eine Unterscheidung in „Dränanlagen vor Wänden", „auf Decken" und „unter Bodenplatten" vorgenommen, für die jeweils unterschiedliche Regelungen bei der Planung zu beachten sind. Nachfolgend wird nur auf Dränanlagen vor Wänden und unter Bodenplatten eingegangen. Für Dränanlagen auf Decken wird auf die Norm (DIN 4095) verwiesen.

Dränanlagen vor Wänden

Dränanlagen vor Wänden haben die Aufgabe, das dort anfallende Wasser zu sammeln und abzuleiten, um ein Aufstauen des Sickerwassers vor der Abdichtung zu verhindern. Dadurch wird gewährleistet, dass sich kein hydrostatischer Druck aufbauen kann, der die Abdichtung zusätzlich beansprucht. Wesentliche Komponenten einer Dränanlage vor Wänden sind die Dränschicht und die Dränleitung. In der Dränschicht wird das Wasser abgeleitet, das sich vor der Wand sammelt, und nach unten zur Dränleitung geführt. Die Dränleitung nimmt das Wasser aus der Dränschicht auf und leitet dieses zum Übergabeschacht weiter. Die Dränschicht besteht aus einer Sickerschicht, in der das Wasser abgeleitet wird („versickert"), und aus einer Filterschicht, die das Ausschwämmen von Bodenteilchen verhindern soll. Die Sickerschicht grenzt an alle zu entwässernden Bauteile, die Filterschicht ist dagegen am Übergang zum anstehenden Boden angeordnet. Die Dränschicht kann aus mineralischen Baustoffen (Kies, Sand) hergestellt werden oder aus speziellen Elementen (Dränmatten, Dränplatten) bestehen. Bei der Planung sind folgende Regeln zu beachten:

Dränschicht

- **Material:** Die Dränschicht kann aus stark durchlässigem Bodenmaterial (Kiessand 0/8 mm, Sieblinie A8, oder 0/32 mm, Sieblinie B32) bestehen. Alternativ können auch spezielle Dränelemente wie z. B. Dränmatten aus Kunststoff oder Dränplatten aus Polystyrol oder Hartschaum für die Dränschicht verwendet werden. Dränplatten oder -matten übernehmen in diesem Fall auch gleichzeitig die Funktion der Schutzschicht der Abdichtung.

- **Anordnung:** Die Dränschicht muss alle erdberührten Bauteilflächen bedecken, damit anfallendes Wasser unmittelbar abgeführt wird. Im Bereich von Durchdringungen, Lichtschächten usw. muss die Dränschicht dicht an diese anschließen.
- **Abdeckung der Dränschicht:** In einer Tiefe von ca. 15 cm unter Geländeoberfläche muss die Dränschicht abgedeckt werden, um das Einschwemmen von Bodenteilchen in die Dränschicht von oben zu verhindern.
- **Fußpunkt:** Am Fußpunkt der Dränschicht ist eine Dränleitung einzubauen, die eine drucklose Weiterleitung des anfallenden Wassers sicherstellt.
- **Dränrohr:** Das Dränrohr muss eine mineralische Ummantelung mit einer Einbindung von mindestens 30 cm aufweisen.

Dränleitung

- **Durchmesser:** Die Dränleitung muss aus Dränrohren mit einem Durchmesser von mindestens 100 mm bestehen (DN 100).
- **Gefälle:** Das Gefälle der Dränleitung muss mindestens 0,5 % betragen.
- **Wassereintrittsöffnungen:** Die Größe der Wassereintrittsöffnungen (Durchmesser bzw. Breite) der Dränrohre darf maximal 1,2 mm betragen (bei Verwendung von Kiessand Körnung 0/8 mm, Sieblinie A8, oder 0/32 mm, Sieblinie B32). Die maximale Wassereintrittsfläche darf 20 cm^2 je Meter Rohrlänge aufweisen.
- **Anordnung:** Die Dränleitung muss alle erdberührten Wände des Bauwerks erfassen und ist entlang der Außenfundamente anzuordnen. Eine Auflagerung auf Fundamentvorsprüngen ist im Regelfall nicht zulässig. Bei Gebäuden sollte die Dränleitung möglichst als Ringleitung ausgeführt werden (siehe Bild 6). Bei unregelmäßigen Grundrissen ist auch ein größerer Abstand zu den Streifenfundamenten zulässig, wenn sichergestellt ist, dass zwischen Dränschicht und Dränleitung eine sickerfähige und filterfeste Verbindung besteht.
- **Höhenlage der Dränleitung:** Die Rohrsohle der Dränleitung ist am Hochpunkt mindestens 20 cm unter der Oberfläche der Roh-Bodenplatte anzuordnen. Der Rohrscheitel der Dränleitung darf an keiner Stelle die Oberfläche der Rohbodenplatte überschreiten. Der Rohrgraben für die Dränleitung darf nicht tiefer als die Fundamentsohle geführt werden, damit die Dränleitung nicht durch Fundamentlasten beansprucht und beschädigt wird. Gegebenenfalls sind die Fundamente tiefer zu gründen oder die Dränleitung ist außerhalb des Lastausbreitungsbereichs der Fundamente zu verlegen.
- **Spülrohre:** Bei jeder Richtungsänderung der Dränleitung ist ein (vertikales) Spülrohr (mind. DN 300) anzuordnen. Der Abstand der Spülrohre darf 50 m nicht überschreiten.
- **Kontrollrohre:** Für Kontrollzwecke dürfen auch Kontrollrohre (mind. DN 100) angeordnet werden.
- **Übergabeschacht:** Der Übergabeschacht ist mit einem Durchmesser von mindestens 1.000 mm (DN 1000) auszuführen.

Ausführungsbeispiele sind in den Abbildungen dargestellt.

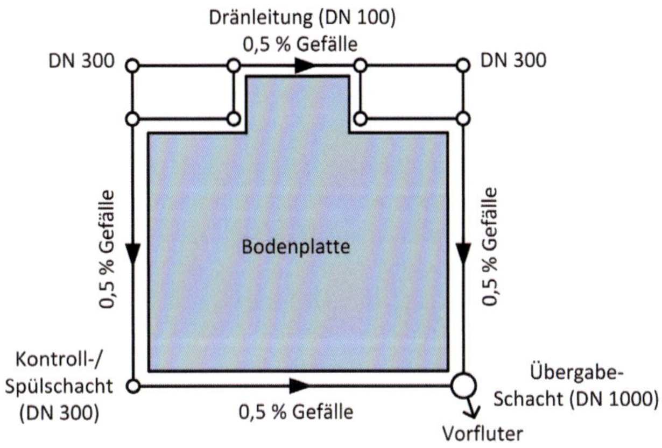

Bild 6: *Anordnung der Dränleitung bei einem Gebäude (Quelle: Schmidt)*

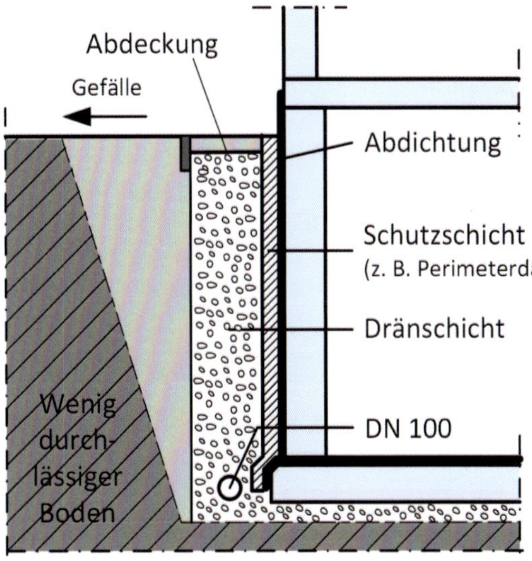

Bild 7: *Beispiel für eine Dränanlage mit mineralischer Dränschicht (Quelle: Schmidt)*

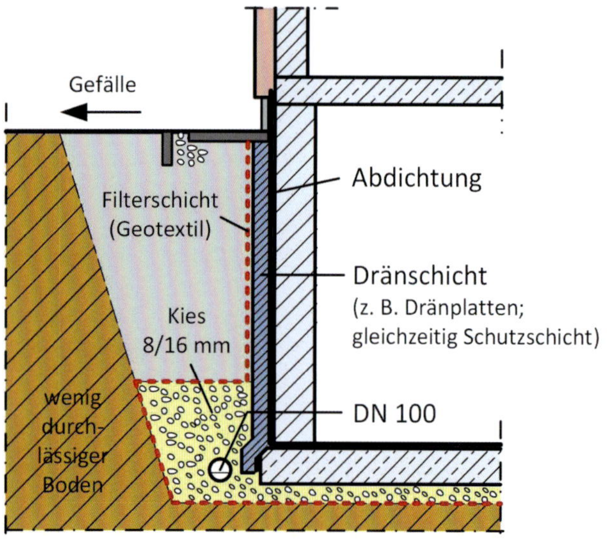

***Bild 8:** Beispiel für eine Dränanlage mit Dränelementen (Quelle: Schmidt)*

Dränanlagen unter Bodenplatten

Bei Dränanlagen unter Bodenplatten ist die Ausführung von der Größe der bebauten Fläche abhängig. Es werden folgende Fälle unterschieden:

1. Fall: Bebaute Fläche bis 200 m²

In diesem Fall ist eine Flächendränschicht ausreichend. Auf die Anordnung von Dränleitungen unter der Bodenplatte kann verzichtet werden. Voraussetzung hierfür ist eine funktionsfähige Entwässerung (z.B. indem Durchbrüche in Streifenfundamenten mit ausreichendem Querschnitt (mind. DN 50) und Gefälle zur äußeren Dränleitung angeordnet werden). Der Einbau einer Dränschicht als Mischfilter (z. B. Sieblinie A 8 bzw. Sieblinie B 32) allein ist unter Bodenplatten nicht zu empfehlen ist, da der Wasserdurchlässigkeitsbeiwert nur bei ca. 10^{-4} m/s liegt und somit eine ausreichende Dränung nicht gewährleistet werden kann.

2. Fall: Bebaute Fläche über 200 m²

In diesem Fall sind eine Flächendränung sowie Dränleitungen erforderlich. Der Abstand der Dränleitungen untereinander ist zu bemessen. Gegebenenfalls sind Kontrolleinrichtungen (z. B. Kontrollschächte in der Bodenplatte) vorzusehen. Nur bei sehr schwach bis schwach durchlässigem Untergrund kann auf eine Flächendränung verzichtet werden.

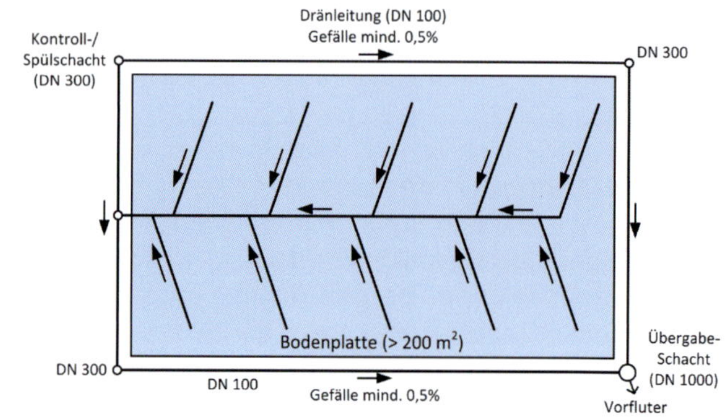

***Bild 9:** Dränanlage unter einer Bodenplatte (bebaute Fläche > 200 m²) (Quelle: Schmidt)*

Vorflut

Eine ausreichende Vorflut ist die Voraussetzung für eine wirksame Dränung. Hierbei ist der höchste Wasserstand im Vorfluter zu berücksichtigen. Ein Anschluss der Dränanlage an einen Regenwasserkanal oder einen offenen Vorfluter sollte angestrebt werden. Dabei ist das Gefälle auszunutzen; Pumpen (Hebeanlagen) sollten nach Möglichkeit vermieden werden. Müssen Hebeanlagen im Ausnahmefall eingebaut werden (z. B. bei höher liegendem Regenwasserkanal), ist die Dränanlage gegen Rückstau aus dem Vorfluter zu sichern (z. B. durch den Einbau von Rückstauklappen). Hebeanlage und Rückstausicherung müssen zugänglich sein und regelmäßig gewartet werden. Wasser aus der Dränanlage kann auch über einen Sickerschacht in den Untergrund versickern, wenn dieser entsprechend wasseraufnahmefähig ist.

Bemessung

Bei der Bemessung von Dränanlagen wird nach DIN 4095 unterschieden in eine Regelbemessung (Regelfall), die eine vereinfachte Bemessung unter bestimmten Randbedingungen umfasst, und eine Bemessung im Sonderfall, die eine genauere Berechnung und Dimensionierung der Dränanlage unter Berücksichtigung von geschätzten Abflussspenden und weiteren Parametern ermöglicht. Nachfolgend wird nur auf die Bemessung von Dränanlagen im Regelfall eingegangen. Für die Bemessung im Sonderfall wird auf die Norm verwiesen.

Unabhängig vom gewählten Bemessungsverfahren (Regel- oder Sonderfall) ist zu beachten, dass bei verformbaren Dränschichten für die Berechnung des Abflusses und der Wasseraufnahme die Werte für Dicke und Wasserdurchlässigkeitsbeiwert der Dränschicht anzusetzen sind, die sich nach einer Belastungsdauer von 50 Jahren (Zeitstandverhalten) einstellen. Entsprechende Werte sind in Abhängigkeit von der Druckbelastung anzugeben.

Die vereinfachte Bemessung der Dränanlage darf vorgenommen werden, wenn die Voraussetzungen für den Regelfall gegeben sind (s. o.). Für die Bemessung im Regelfall sind in der Norm für die verschiedenen Komponenten der Dränanlage konkrete Ausführungsbeispiele (z. B. Schichtaufbau) und Abmessungen (z. B. Schichtdicken, Durchmesser der Dränrohre) vorgegeben. Bei der vereinfachten Bemessung im Regelfall wird grundsätzlich unterschieden, ob Dränelemente aus nichtmineralischen, verformbaren Baustoffen (z. B. Dränplatten) oder Dränschichten aus mineralischen Baustoffen (z. B. Kiessand) eingebaut werden sollen. Bei Dränelementen aus nichtmineralischen Baustoffen wird für deren Bemessung die anzusetzende Abflussspende angegeben. Bei Dränschichten, die aus mineralischen Baustoffen hergestellt werden sollen, werden beispielhafte Regelausführungen mit konkreter Beschreibung des Schichtaufbaus sowie Nennung der erforderlichen Schichtdicken angegeben.

Die Angaben berücksichtigen grundsätzlich die Lage der Dränelemente bzw. Dränschichten, wobei hier in „vor Wänden“, „auf Decken“, „unter Bodenplatten“ oder „um Dränrohre“ unterschieden wird. Dränelemente, die aus nichtmineralischen, verformbaren Baustoffen hergestellt werden, sind für eine vorgegebene Abflussspende zu bemessen. Die Abflussspende hängt von der Lage der Dränelemente ab und ist nach Tabelle 2 anzunehmen.

Tabelle 2: *Abflussspende für die Bemessung von Dränelementen aus nichtmineralischen, verformbaren Dränelementen (in Anlehnung an DIN 4095, Tabelle 5)*

Lage der Dränelemente	Anzusetzende Abflussspende
vor Wänden	0,30 l/(s × m²)
auf Decken	0,03 l(s × m²)
unter Bodenplatten	0,005 l/(s × m²)

Bei Dränschichten, die aus mineralischen Baustoffen bestehen (z. B. Kiessand) werden in Abhängigkeit von der Lage Ausführungsbeispiele in der Norm angeben; siehe hierzu exemplarisch Tabelle 3 und Bild 10.

Tabelle 3: *Ausführung der Dränschicht vor Wänden im Regelfall (in Anlehnung an DIN 4095, Tabelle 6)*

Ausführung der Dränschicht vor Wänden	
Baustoff	Mindestdicke
Kiessand, z. B. Körnung 0/8 mm (Sieblinie A 8) oder 0/32 mm (Sieblinie B 32). DIN 1045-2 i. V. m. DIN EN 206	0,50 m
Filterschicht, z. B. Körnung 0/4 mm	0,10 m
Sickerschicht, z. B. Körnung 4/16 mm	0,20 m
Kies, z. B. Körnung 8/16 mm alternativ: Geotextilien	0,20 m

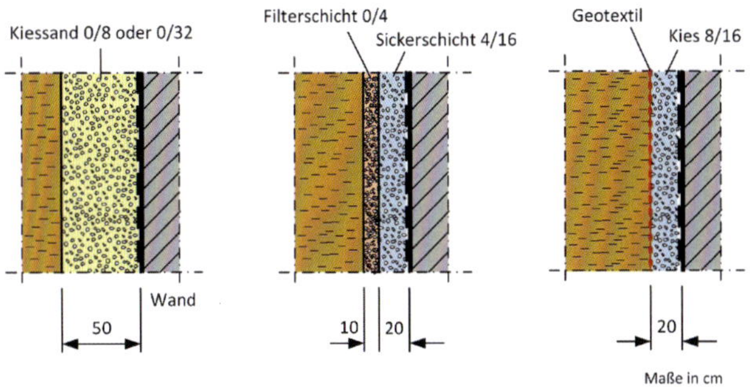

Bild 10: *Ausführung der Dränschicht vor Wänden im Regelfall (Quelle: Schmidt)*

Bei der Regelausführung brauchen Dränleitungen nicht direkt bemessen zu werden. Für die einzelnen Komponenten ist lediglich ein Mindestdurchmesser (Nennweite) einzuhalten (Tabelle 4). Demnach wird für die Dränleitung sowie für Kontrollrohre eine Nennweite von mindestens 100 mm (DN 100) gefordert. Spülrohre sind mit einer Nennweite von 300 mm (DN 300) auszuführen. Der Übergabeschacht muss eine Nennweite von 1.000 mm (DN 1000) aufweisen.

Tabelle 4: *Mindestwerte der Durchmesser von Dränleitungen (in Anlehnung an DIN 4095, Tabelle 7)*

Bauteil	Mindestdurchmesser (Nennweite)
Dränleitungen[1)]	DN 100 (100 mm)
Kontrollrohre	DN 100 (100 mm)
Spülrohre	DN 300 (300 mm)
Übergabeschacht	DN 1.000 (1000 mm)
[1)] Dränleitungen sind mit einem Gefälle von mind. 0,5 % zu verlegen.	

Baustoffe und Komponenten

Für den Bau von Dränanlagen dürfen nur geeignete Baustoffe und Komponenten verwendet werden. Grundsätzlich muss deren Eignung nachgewiesen werden. Beispiele für geeignete Baustoffe sind in DIN 4095, Abschnitt 7, angegeben; eine Übersicht zeigt Tabelle 5. Muster von Dränrohren mit verschiedenen Durchmessern sind exemplarisch in Bild 11 dargestellt. Für nicht geregelte Bauprodukte ist die Eignung durch ein allgemeines bauaufsichtliches Prüfzeugnis (abP) oder durch eine bauaufsichtliche Zulassung nachzuweisen.

Tabelle 5: *Genormte Baustoffe und Komponenten für den Bau von Dränanlagen (DIN 4095)*

Baustoffe für die Filter- und Sickerschicht		
Bauteil	**Art**	**Baustoff**
Filterschicht	Schüttung	Mineralstoffe (Sand und Kiessand)
	Geotextilien	Filtervlies
Sickerschicht	Schüttung	Mineralstoffe (Kiessand und Kies)
	Einzelelemente	Dränsteine (z. B. aus haufwerksporigem Beton) Dränplatten (z. B. aus Schaumkunststoff) Geotextilien (z. B. aus Spinnvlies)
Baustoffe für die Dränschicht		
Art		**Baustoff**
Schüttungen		kornabgestufte Mineralstoffe Mineralstoffgemische (Kiessand, z. B. Körnung 0/8 mm, Sieblinie A 8, oder Körnung 0/32 mm, Sieblinie B 32)
Einzelelemente		Dränsteine (z. B. aus haufwerksporigem Beton, ggf. ohne Filtervlies) Dränplatten (z. B. aus Schaumkunststoff, ggf. ohne Filtervlies)
Verbundelemente		Dränmatten aus Kunststoff (z. B. aus Höckerprofilen mit Spinnvlies, Wirrgelege mit Nadelflies, Gitterstrukturen mit Spinnvlies)
Baustoffe für Dränrohre		
Art		**Baustoff**
gewellt oder glatt		Beton, Faserzement, Kunststoff, Steinzeug, Ton mit Muffen
gelocht oder geschlitzt		allseitig (Vollsickerrohr) seitlich und oben (Teilsickerrohr)
mit Filtereigenschaften		Kunststoffrohre mit Ummantelung Rohre aus haufwerksporigem Beton

Bild 11: *Dränrohre aus Kunststoff (Quelle: Schmidt)*

Ausführung

Ausführung der Dränleitung

Regelungen zur Ausführung sind in DIN 4095, Abschnitt 8, angegeben. Vor der Verlegung der Dränleitung ist ein stabiles Planum mit dem vorgesehenen Gefälle herzustellen. Das Gefälle der Dränleitung muss mindestens 0,5 % betragen. Sollen Rinnensteine als Dränleitung verwendet werden, sind diese auf Betonauflagern aufzulegen. Die Dränleitung wird zwischen den Kontrollschächten geradlinig verlegt. Mit der Verlegung wird i. d. R. am Tiefpunkt begonnen. Bei Decken wird mit dem Verlegen in den Tiefpunkten unmittelbar auf der Abdichtung bzw. der Schutzschicht begonnen. Die Dränleitung ist gegen Lageänderungen ausreichend zu sichern, indem z. B. auf beiden Seiten gleichzeitig die Sickerschicht eingebaut wird. Die erste Lage der Sickerschicht bis zu einer Höhe von 15 cm über dem Rohrscheitel der Dränrohre ist leicht mit der Hand zu verdichten. Beim Einbau der weiteren Schichten darf ein geeignetes Verdichtungsgerät eingesetzt werden. Die Dränleitung ist so auszubilden, dass auch zu einem späteren Zeitpunkt eine Überwachung und Reinigung problemlos möglich sind. Daher sind bei stumpfen Stößen und Einmündungen Muffen oder Kupplungen zu verwenden.

Ausführung der Sickerschicht

Aufgabe der Sickerschicht ist es, das Wasser aus dem Bereich des erdberührten Bauteils abzuleiten. Die Sickerschicht ist vollflächig vor dem zu entwässernden Bauteil (Wand, Decke, Bodenplatte) einzubauen. Dabei muss ein staufreier Anschluss zur Dränleitung gewährleistet sein. Beim Einbau der Sickerschicht darf die Abdichtung nicht beschädigt werden. Für die Ausführung der Sickerschicht vor Wänden gelten zusätzlich folgende Regeln.

1. Sickerschichten aus mineralischen Baustoffen (Sand-Kies-Gemisch) werden vor Wänden entweder im gesamten Arbeitsraum oder in Teilbereichen eingebaut. Beim Einbau ist darauf zu achten, dass keine Entmischung auftritt. Die Sickerschicht ist beim Einbau entsprechend den Anforderungen an die Oberfläche zu verdichten.
2. Dränsteine müssen vor Wänden im Verband so verlegt werden, dass die Kammern lotrecht ineinander übergehen. Für Anschlüsse oder Aussparungen sind entsprechende Formsteine zu verwenden. Dränsteine dürfen nur bis zu einer standsicheren Höhe errichtet werden.
3. Dränplatten vor Wänden müssen mit versetzten Fugen („Verband“) angeordnet werden. Sie sind punktweise mit einem geeigneten Kleber auf der Wand zu befestigen.
4. Dränmatten vor Wänden werden stumpf gestoßen oder mit Überlappung verlegt. Sie müssen entweder dauerhaft oder bis zum Abschluss der Baugrubenverfüllung provisorisch befestigt werden. Befestigungen, die durch die Abdichtung geführt werden, müssen gegen die Beanspruchung „nicht drückendes Wasser“ dicht sein und wie Durchdringungen ausgeführt werden.
5. Überlappungen von Geotextilien müssen gegen Abheben gesichert werden. Weiterhin ist darauf zu achten, dass diese am Bauwerk satt und flächig anliegen. Hierauf ist insbesondere im Bereich von Knickstellen zu achten (z. B. am Fundamentabsatz), indem dort eine ausreichende Auflast aufgebracht wird.

Bei Sickerschichten unter Bodenplatten gelten folgende Regelungen:

1. Das Planum ist eben herzustellen und durch geeignete Maßnahmen (z. B. Abdecken) gegen Aufweichen (bei Niederschlägen) zu schützen.
2. Geotextilien sind vollflächig mit Überlappung im Bereich der Stöße zu verlegen.
3. Mineralische Baustoffe (Sand, Kies) sind in der erforderlichen Dicke einzubauen und leicht zu verdichten.

Für die Ausführung der Sickerschicht auf Decken wird auf die Norm verwiesen.

Ausführung der Filterschicht

Die Filterschicht soll verhindern, dass feine Bodenteilchen in die Sickerschicht gelangen und diese verstopfen. Sie wird daher am Übergang zum anstehenden Boden angeordnet. Als Baustoffe können mineralische Stoffe (Sand, Kiessand), oder spezielle Filtervliese (Geotextilien) verwendet werden. Für die Ausführung der Filterschicht gelten folgende Regelungen:

1. Die Filterschicht muss vollflächig und lückenlos auf der und um die Sickerschicht bzw. um die Dränelemente eingebaut werden. Es ist darauf zu achten, dass keine Entmischung eintritt.
2. Bei der Verwendung von Filtervliesen sind diese im Bereich der Stöße mindestens um 10 cm zu überlappen und durch Verklammern oder Verkleben miteinander zu verbinden.

Verfüllung der Baugrube und Prüfung

Umgehend nach dem Einbau der Dränanlage muss die Verfüllung der Baugrube erfolgen. Hierbei ist zu beachten, dass die Verfüllung und Verdichtung lagenweise vorzunehmen ist (Bild 12). Dadurch soll eine zu starke Beanspruchung und ggf. Beschädigung der Dränleitung, Abdichtung und weiterer Funktionsschichten vermieden werden.

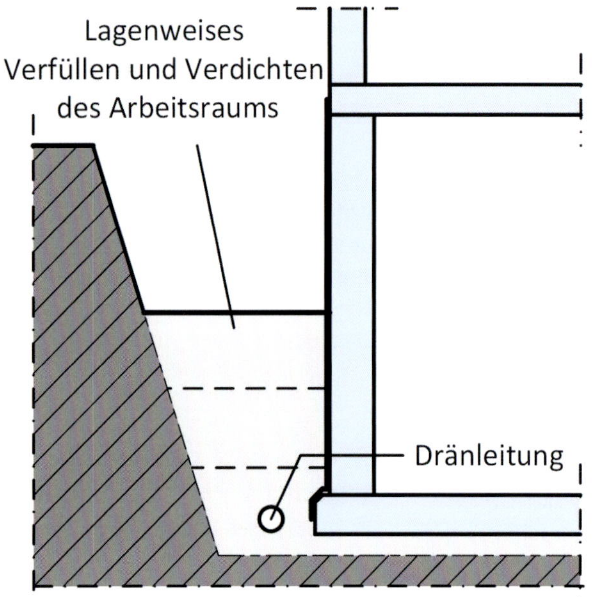

***Bild 12:** Verfüllung und Verdichtung der Baugrube (Quelle: Schmidt)*

Die Dränanlage muss gegen Verschieben, Beschädigungen und Verschlammung ausreichend geschützt werden. Aus diesem Grund ist die Funktionsfähigkeit der Dränleitungen nach dem Verfüllen der Baugrube zu überprüfen. Das Prüfergebnis ist in einem Protokoll zu dokumentieren.

Überflutungsschutz bei Gebäuden und Grundstücken

Rückstauschutz

Insbesondere bei Starkregenereignissen muss bedingt durch den Stau im öffentlichen Kanal mit Rückstau bis in die Gebäude- und Grundstücksentwässerung gerechnet werden. Sind Entwässerungsgegenstände und Ablaufstellen für Regenwasser von Flächen, die unterhalb der Rückstauebene liegen, ohne die erforderlichen Sicherheitseinrichtungen angeschlossen, sind Schäden aus Rückstauereignissen unvermeidbar. Ziel der normativen Festlegungen zum Rückstauschutz ist die Vermeidung von Überflutungen im Gebäude und auf dem Grundstück.

Bild 1: *Überflutung Kellerraum (Quelle: Jung-Pumpen GmbH, Steinhagen)*

Für die Planung und Ausführung von Rückstausystemen gelten die DIN 1986-100 „Entwässerungsanlagen für Gebäude und Grundstücke – Bestimmungen in Verbindung mit DIN EN 752 und DIN EN 12056", Ausgabe Dezember 2016, sowie die DIN EN 12056-4 „Schwerkraftentwässerungsanlagen innerhalb von Gebäuden – Abwasserhebeanlagen: Planung und Bemessung", Ausgabe Januar 2001.

Zum Rückstauschutz können automatisch arbeitende Abwasserhebeanlagen oder – unter bestimmten Voraussetzungen – Rückstauverschlüsse eingesetzt werden.

Gemäß DIN 1986-100, Abschnitt 13.1.1, sollte in jedem Fall geprüft werden, ob Ablaufstellen unterhalb der Rückstauebene zwingend erforderlich sind.

Oberhalb der Rückstauebene anfallendes Abwasser ist mit freiem Gefälle in die Kanalisation zu entwässern. Wenn kein ausreichendes Gefälle zum Kanal besteht, ist das Abwasser mittels Abwasserhebeanlagen in den Kanal zu fördern.

Rückstauebene

In der DIN EN 12056-4 wird die Rückstauebene unter 3.1.3 folgendermaßen definiert: *„Höchste Ebene, bis zu der das Wasser in einer Entwässerungsanlage ansteigen kann."* In der Praxis gilt, wenn seitens der örtlichen Behörden nichts anderes festgelegt ist, die Straßenoberfläche an der Anschlussstelle in den öffentlichen Kanal als Rückstauebene. Hierbei kann im Normalfall das anstauende Wasser aus dem öffentlichen Kanal austreten und sich breitflächig verteilen.

Die Rückstauebene kann in besonderen Fällen aber auch anders definiert werden, so z. B. bei abschüssigem Gelände. Hier wird häufig die Höhe der Rückstauebene durch die Höhe des bergauf liegenden Kanalschachts definiert.

> **Hinweis**
>
> Die Festlegung der maßgebenden Rückstauebene sollte man sich grundsätzlich vom Betreiber des öffentlichen Kanalnetzes schriftlich bestätigen lassen.

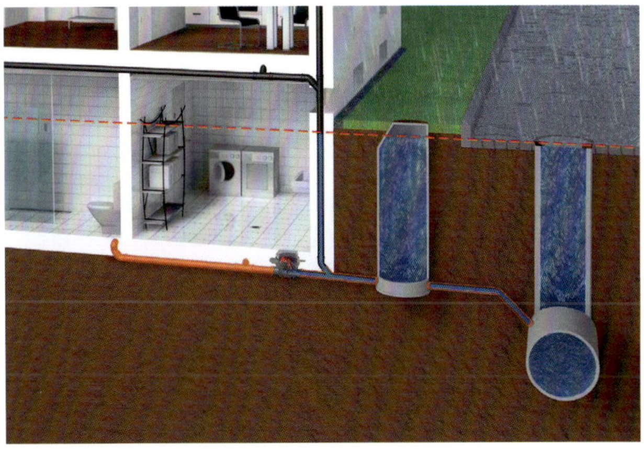

Bild 2: *Schutz durch eingebaute Rückstausicherung bei festgelegter Rückstauebene = Straßenoberkante (Quelle: ACO Passavant GmbH)*

In der Praxis zeigt sich, dass Schäden durch Rückstau nicht immer auf das Kellergeschoss beschränkt bleiben, sondern bedingt durch die örtliche Höhensituation auch Räume im Erdgeschoss betreffen können.

Ablaufstellen für Schmutzwasseranlagen

Nach DIN 1986-100, Abschnitt 13.1.2, sind Ablaufstellen für Schmutzwasser, deren Wasserspiegel im Geruchverschluss unterhalb der Rückstauebene liegt, durch automatisch arbeitende Abwasserhebeanlagen mit Rückstauschleife nach DIN EN 12056-4 gegen Rückstau aus dem Abwasserkanal zu sichern.

Rückstauverschlüsse müssen DIN EN 13564-1 „Rückstauverschlüsse für Gebäude – Anforderungen", Ausgabe Oktober 2002 entsprechen. Gemäß DIN EN 12056-4, Abschnitt 4, dürfen Rückstauverschlüsse nur unter folgenden Voraussetzungen verwendet werden:

- Es muss freies Gefälle zum Kanal bestehen.
- Die Räume müssen von untergeordneter Nutzung sein, d. h., dass keine wesentlichen Sachwerte oder die Gesundheit der Bewohner bei Überflutung der Räume beeinträchtigt werden.
- Der Benutzerkreis muss klein sein und diesem ein WC oberhalb der Rückstauebene zur Verfügung stehen.
- Bei Rückstau kann auf die Benutzung der Ablaufstelle(n) verzichtet werden.

Für die Verwendung der in DIN EN 13564-1 enthaltenen Typen muss DIN 1986-100, Abschnitt 13.2, beachtet werden.

Ablaufstellen für Regenwasseranlagen

Ablaufstellen für Regenwasser, deren Oberkante des Ablaufrosts unterhalb der Rückstauebene liegt, dürfen gemäß DIN 1986-100, Abschnitt 13.1.3, an die öffentliche Kanalisation nur getrennt von häuslichem Abwasser über automatisch arbeitende Abwasserhebeanlagen, die außerhalb des Gebäudes angeordnet werden müssen, rückstaufrei nach DIN EN 12056, Teil 4 (heben über die Rückstauebene, Rückstauschleife), angeschlossen werden.

Abflusswirksame Flächen unterhalb der Rückstauebene, die ein Gefälle zum Gebäude aufweisen, wie Garageneinfahrten, Hauseingänge oder Geländeabtragungen zu Souterrainwohnungen, sind möglichst klein zu halten.

In Ausnahmefällen, wie z. B. bei Grenzbebauung und innerstädtischen Innenhöfen, kann die Abwasserhebeanlage auch innerhalb des Gebäudes mit einer Doppelanlage installiert werden, wenn das Gebäude in geeigneter Weise durch bauliche Maßnahmen gegen Überflutung geschützt wird.

Zur Entwässerung kleiner Flächen unterhalb der Rückstauebene mit Gefälle zu Eingängen des Gebäudes, z. B. bei Garagenrampen, kann die Abwasserhebeanlage auch innerhalb des Gebäudes installiert werden.

Bei kleinen Flächen (etwa 5,0 m^2) von Kellerniedergängen und dgl. kann das Regenwasser versickert werden, wenn die Bodenverhältnisse hierfür geeignet sind. Ist eine Versickerung nicht möglich, dürfen, solche Flächen bei Vorhandensein natürlichen Gefälles über Rückstauverschlüsse nach DIN EN 13564-1 entwässert werden, wenn geeignete Maßnahmen, z. B. Schwellen bei Kellereingängen, ein Überfluten der tief liegenden Räume durch Regenwasser verhindern, solange der Rückstauverschluss geschlossen ist.

Bei der Regenwasserableitung müssen, unabhängig von Maßnahmen des Rückstauschutzes, Überflutungsprüfungen nach DIN 1986-100, Abschnitt 14.9, durchgeführt werden.

Rückstauverschlüsse

Bei Rückstauverschlüssen wird der Durchfluss in rückstaugefährdeten Abwasserleitungen durch Klappen, Schieberplatten oder Quetschventile unterbrochen.

Tabelle 1: *In Anlehnung an Tabelle 4 der DIN 1986-100 – Anwendungsbereiche für Rückstauverschlüsse (Quelle: Ishorst)*

Anwendungsbereich	Zugelassene Typen von Rückstauverschlüssen nach DIN EN 13564-1
Fäkalienhaltiges Abwasser	Typ 3 mit Kennzeichnung (F)
Fäkalienfreies Abwasser Regenwasser	Typen 2, 3 und 5
Regenwassernutzungsanlagen*	Typen 0, 1 und 2

* Nur zulässig für Überläufe von Erdspeichern, die an einen Regenwasserkanal angeschlossen werden.

Nachteile sind:

- Solange der Rückstau anhält – also bei geschlossenem Rückstauverschluss – können die angeschlossenen Sanitärobjekte unterhalb der Rückstauebene nicht mehr benutzt werden.
- Ist ein Rückstauverschluss außer Betrieb oder defekt, besteht keine Sicherheit gegen Rückstau (besonders wichtig in Bezug auf Inspektion und Wartung).

In der DIN EN 13564-1 werden sechs verschiedene Typen von Rückstauverschlüssen (Typen 0–5) unterschieden. Ist der Einbau eines Rückstauverschlusses gemäß DIN 1986-100, Abschnitt 13.1.2, bzw. DIN EN 12056-4, Abschnitt 4, möglich, dürfen für den jeweiligen Anwendungsfall nur die in Tabelle 4 der DIN 1986-100 genannten Typen verwendet werden.

Tabelle 2: *Typisierung von Rückstauverschlüssen nach DIN EN 13564-1 (Quelle: Bernd Ishorst)*

Typ Rückstauverschluss nach DIN EN 13564-1	Beschreibung
Typ 0	Rückstauverschluss für die Verwendung in horizontalen Leitungen mit nur einem selbsttätigen Verschluss
Typ 1	Rückstauverschluss für die Verwendung in horizontalen Leitungen mit einem selbsttätigen Verschluss sowie einem Notverschluss, wobei der Notverschluss mit dem selbsttätigen Verschluss kombiniert sein darf.
Typ 2	Rückstauverschluss für die Verwendung in horizontalen Leitungen mit zwei selbsttätigen Verschlüssen und einem Notverschluss, wobei der Notverschluss mit einem der beiden selbsttätigen Verschlüsse kombiniert sein darf.
Typ 3	Rückstauverschluss für die Verwendung in horizontalen Leitungen mit einem durch Fremdenergie (elektrisch, pneumatisch oder andere) betriebenen selbsttätigen Verschluss und einem Notverschluss, der unabhängig vom selbsttätigen Verschluss ist.
Typ 4*	Rückstauverschluss, der in Ablaufgarnituren oder Bodenabläufen eingebaut ist, mit einem selbsttätigen Verschluss und einem Notverschluss, wobei der Notverschluss mit dem selbsttätigen Verschluss kombiniert werden kann.
Typ 5	Rückstauverschluss, der in Ablaufgarnituren oder Bodenabläufen eingebaut ist, mit zwei selbsttätigen Verschlüssen und einem Notverschluss, wobei der Notverschluss mit einem der beiden selbsttätigen Verschlüsse kombiniert werden kann.

* Dieser Typ findet in Deutschland zzt. keine Verwendung und ist deshalb auch nicht in der Tabelle 4 der DIN 1986-100 aufgeführt.

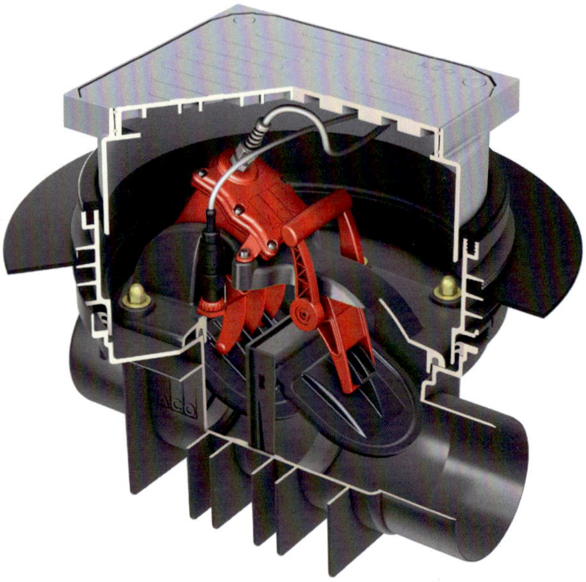

Bild 3: *Vollautomatischer Fäkalien-Rückstauautomat Quatrix für fäkalienhaltiges Abwasser (Quelle: ACO Passavant GmbH)*

Abwasserhebeanlagen

Abwasserhebeanlagen bestehen aus einem Sammelbehälter, einer oder erforderlichenfalls zwei Pumpen und der Druckleitung. Bei einer Abwasserhebeanlage wird das Abwasser mithilfe der Pumpe über die Rückstauschleife in die weiterführende Abwasserleitung gefördert. Die Rückstauschleife ist gemäß DIN EN 12056, Teil 4, der Teil der Druckleitung einer Abwasserhebeanlage über der Rückstauebene, d. h., die Rohrsohle muss oberhalb der Rückstauebene liegen. Hierdurch kann das Abwasser aus dem öffentlichen Kanal nicht in die gefährdeten Räume gelangen.

Bei einer ordnungsgemäß installierten Rückstauschleife ist der Rückstauschutz in jedem Fall gewährleistet, selbst wenn die Anlage außer Betrieb oder defekt ist. Durch die Rückstauschleife wird somit der absolute Schutz gegen Rückstau erreicht.

Bild 4: *Abwasserhebeanlage (Quelle: WILO SE)*

Gemäß Abschnitt 13.3 der DIN 1986-100 müssen die Planung und Bemessung von Abwasserhebeanlagen und der zugehörigen Druckleitungen nach DIN EN 12056-4 erfolgen.

Druckleitungen von Abwasserhebeanlagen dürfen nur an belüftete Sammel- oder Grundleitungen angeschlossen werden.

Bei Abwasserhebeanlagen für Regenwasser darf der Anschluss nur an Grundleitungen außerhalb des Gebäudes erfolgen. In begründeten Ausnahmefällen und bei kleinen angeschlossenen Flächen kann die Hebeanlage innerhalb des Gebäudes installiert werden. Hierbei ist die Druckleitung aus hydraulischen Gründen möglichst nahe an der Gebäudeaußenwand an die Regenwassersammel- bzw. -grundleitung anzuschließen.

Für den Fall, dass der Abwasserzufluss nicht unterbrochen werden darf, sind Doppelhebeanlagen entsprechend dem Anwendungsfall nach DIN EN 12050, Teil 1, bzw. DIN EN 12050, Teil 2, einzubauen.

Gemäß DIN EN 12056-4 dürfen nur folgende Abwasserhebeanlagen verwendet werden:

- Fäkalienhebeanlagen nach DIN EN 12050-1
- Abwasserhebeanlagen für fäkalienfreies Abwasser/Regenwasser nach DIN EN 12050-2
- Fäkalienhebeanlagen zur begrenzten Verwendung nach DIN EN 12050-3

Fäkalienhebeanlagen

Fäkalienhebeanlagen nach DIN EN 12050-1 müssen nachweislich folgende Anforderungen erfüllen:

- ohne Zerteilung der Fäkalien im Fördermedium einen Anschluss für die Druckleitung von mindestens DN 80 haben
- einen Anschluss vom mindestens DN 50 für die Lüftungsleitung bei einem Förderstrom von 12 l/s haben; bei größeren Förderströmen ist der Anschluss mindestens in DN 70 auszuführen.
- bei einem manometrischen Förderdruck von 0,4 bar eine Mindestfließgeschwindigkeit des Mediums in der Druckleitung von 0,7 m/s sicherstellen
- die Anforderungen an den Explosionsschutz erfüllen

Fäkalienhebeanlagen mit Fäkalienzerteilung sind bei kleinen Querschnitten der Pumpendruckleitung und großen Leitungslängen besonders geeignet. Sie sind grundsätzlich nicht geeignet für die Förderung von Abwasser mit abrasiven Stoffen (z. B. Sand) oder die Entwässerung von Hof- und Parkplätzen, Garagenrampen und die Ableitung von Drainagewasser.

Abwasserhebeanlagen für fäkalienfreies Abwasser/Regenwasser

Abwasserhebeanlagen für fäkalienfreies Abwasser/Regenwasser nach DIN EN 12050-2 müssen bei einem manometrischen Förderdruck von 0,4 bar eine Mindestfließgeschwindigkeit des Mediums in der Druckleitung von 0,7 m/s erreichen.

Fäkalienhebeanlagen zur begrenzten Verwendung

Fäkalienhebeanlagen zur begrenzten Verwendung nach DIN EN 12050-3 dürfen nur eingesetzt werden, wenn der Benutzerkreis klein ist und diesem oberhalb der Rückstauebene ein weiteres WC zur Verfügung steht. Zusätzlich zu dem WC dürfen höchstens ein Handwaschbecken, eine Dusche und ein Bidet angeschlossen werden. Alle Entwässerungsgegenstände müssen sich in demselben Raum befinden.

Fäkalienhebeanlagen zur begrenzten Verwendung müssen bei einem manometrischen Förderdruck von 0,3 bar eine Mindestfließgeschwindigkeit des Mediums in der Druckleitung von 0,7 m/s erreichen. Diese Hebeanlagen sollten mit einer statischen Förderhöhe von 2,5 m geprüft worden sein.

Bild 5: *Hebeanlagen nach DIN EN 12050 (Quelle: Jung-Pumpen GmbH, Steinhagen)*

Lüftung von Abwasserhebeanlagen

Gemäß DIN 1986-100, Abschnitt 6.5.3, müssen Fäkalienhebeanlagen nach DIN EN 12050-1 über Dach be- und entlüftet werden. Beim Zulaufvorgang in den Sammelbehälter ist eine ausreichende Entlüftung erforderlich. Ansonsten besteht die Gefahr, dass es durch einen nicht ungehinderten Zulauf in den Sammelbehälter zu Störungen im Ablaufverhalten von angeschlossenen Entwässerungsgegenständen kommt. Beim Entleeren des Sammelbehälters (Pumpvorgang) ist eine ausreichende Belüftung erforderlich.

Schmutzwasserhebeanlagen nach DIN EN 12050-2 müssen über Dach be- und entlüftet werden, sofern sie geruchsdicht verschlossen werden.

Hebeanlagen zur begrenzten Verwendung nach DIN EN 12050-3 sind zu lüften. Hierbei sind unbedingt die Herstellerangaben zu beachten.

Lüftungsleitungen von Hebeanlagen dürfen sowohl an Hauptlüftungs- sowie an Sekundärlüftungsleitungen angeschlossen werden, nicht jedoch an Fallleitungen.

Hybridhebeanlagen (Rückstaupumpanlagen)

Für Entwässerungsgegenstände unterhalb der Rückstauebene, die über freies Gefälle in den öffentlichen Kanal entwässert werden können, kann der Einbau einer Hybridhebeanlage eine Alternative zur Abwasserhebeanlage nach DIN EN 12050 sein.

Bei Hybridhebeanlagen handelt es sich um eine Kombination aus Rückstauverschluss und Hebeanlage.

Wenn kein Rückstau besteht, erfolgt die Entwässerung im freien Gefälle, wobei im Gegensatz zur Abwasserhebeanlage keine elektrische Energie benötigt wird (Normalbetrieb).

Bei Rückstau schließt der selbsttätige Verschluss, sodass kein Abwasser aus dem öffentlichen Kanal in die gefährdeten Räume fließen kann. Im Gegensatz zum Rückstauverschluss können bei Rückstau die Entwässerungsgegenstände unterhalb der Rückstauebene weiterhin benutzt werden, da das anfallende Abwasser durch die Pumpe über die Rückstauschleife in den Kanal befördert wird (Rückstaubetrieb).

Im Gegensatz zu Rückstauverschlüssen und Abwasserhebeanlagen sind Hybridhebeanlagen normenmäßig bisher noch nicht erfasst und erfordern somit einen baurechtlichen Verwendbarkeitsnachweis. Der baurechtliche Verwendbarkeitsnachweis sollte bereits in der Planungsphase beim Hersteller der Hybridhebeanlage angefordert werden. Planung und Einbau der Hybridhebeanlage müssen gemäß den Bestimmungen des baurechtlichen Verwendbarkeitsnachweises erfolgen.

Bild 6: *Hybridhebeanlage – Ecolift (Quelle: KESSEL AG)*

Rückstauschutz bei Fettabscheidern

Fettabscheider, deren Ruhewasserspiegel unterhalb der Rückstauebene liegt, sind entsprechend Abschnitt 7.3 der DIN EN 1825-2 „Abscheideranlagen für Fette – Wahl der Nenngrößen, Einbau, Betrieb und Wartung“, Ausgabe Mai 2002, über eine nachgeschaltete Abwasserhebeanlage mit Doppelpumpen zu entwässern.

Gereinigtes Abwasser aus Fettabscheidern gilt als Grauwasser. Für Grauwasser werden Abwasserhebeanlagen nach DIN EN 12050-2 (fäkalienfreies Abwasser) eingesetzt.

Wird der Hebeanlage noch zusätzlich Schwarzwasser aus WC-Anlagen zugeführt, werden Abwasserhebeanlagen nach DIN EN 12050-1 (fäkalienhaltiges Abwasser) erforderlich.

Zusätzlich zu den Anforderungen der DIN EN 12050 müssen Abwasserhebeanlagen, die hinter Fettabscheidern eingebaut sind, gemäß Abschnitt 9.5 der DIN 4040-100 „Abscheideranlagen für Fette – Anwendungsbestimmungen für Abscheideranlagen für Fette nach DIN EN 1825-1 und DIN EN 1825-2“, Ausgabe Dezember 2016, noch weitere Kriterien erfüllen.

Bei Abwasserhebeanlagen nach DIN EN 12050-1 (fäkalhaltiges Abwasser) gelten folgende zusätzliche Anforderungen:

- Die Funktion der Niveauerfassung muss unempfindlich gegenüber dem Fördermedium sein.
- Alle medienbeaufschlagten Teile müssen gegenüber dem anfallenden Abwasser beständig sein.
- Die Kühlung der Pumpen darf nicht mittels Mantelstromkühlung erfolgen.

Für Abwasserhebeanlagen nach DIN EN 12050-2 (fäkalfreies Abwasser) gilt:

- alle zusätzlichen Anforderungen wie für Abwasserhebeanlagen nach DIN EN 12050-1 (fäkalhaltiges Abwasser)
- mindestens 30 mm freier Kugeldurchgang
- Frei aufgestellte Sammelbehälter der Abwasserhebeanlage innerhalb von Gebäuden müssen bei einem Druck von 0,5 kPa dicht sein und über Dach be- und entlüftet sein.

Bei Abwasserhebe- und Pumpanlagen bei Erdeinbau nach DIN EN 752 gelten alle zusätzlichen Anforderungen wie für Abwasserhebeanlagen nach DIN EN 12050-1 (fäkalhaltiges Abwasser).

Grundsätzlich sind alle Abwasserhebe- und Pumpanlagen mit einer netzunabhängigen Warneinrichtung auszurüsten, die dem Betriebspersonal die Unterbrechung des Abwasserabflusses optisch und akustisch signalisiert.

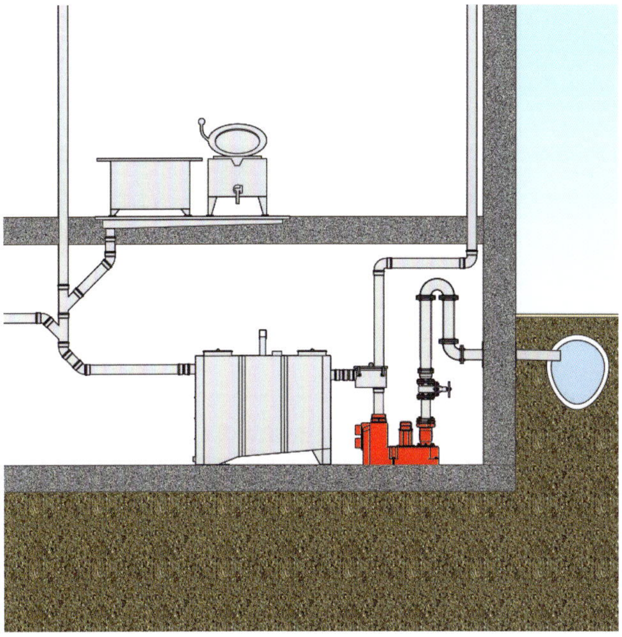

Bild 7: *Fettabscheider mit nachgeschalteter Abwasserhebeanlage (Quelle: ACO Passavant GmbH)*

Nach DIN EN 12056-4, Abschnitt 5.3, darf die Lüftung von Hebeanlagen nicht mit der zulaufseitigen Lüftungsleitung eines Fettabscheiders verbunden werden.

Notstromversorgung

Die beste Abwasserhebeanlage funktioniert selbstverständlich nur, solange sie mit Strom versorgt wird. Bei Sondergebäuden, wie z. B. Flughafen- oder Klinikgebäuden, ist eine Notstromversorgung – auch für die Abwasserhebeanlage(n) – erfahrungsgemäß obligatorisch. Bei allen anderen Gebäuden sollte eine Abwägung zwischen den Anschaffungs- und Betriebskosten einer Notstromversorgung mit dem Schadenspotenzial bei Ausfall der Abwasserhebeanlage erfolgen.

Planung und Ausführung der Druckleitung

Die Mindestnennweiten der Druckleitung sind in Tabelle 2 der DIN EN 12056, Teil 4, festgelegt.

Tabelle 3: *In Anlehnung an Tabelle 2 der DIN EN 12056-4 – Mindestnennweite der Druckleitung für Abwasserhebeanlagen (Quelle: Ishorst)*

Typ der Abwasserhebeanlage	Mindestnennweite
Fäkalienhebeanlagen ohne Fäkalienzerkleinerung nach DIN EN 12050-1	DN 80
Fäkalienhebeanlagen mit Fäkalienzerkleinerung nach DIN EN 12050-1	DN 32
Abwasserhebeanlagen für fäkalienfreies Abwasser nach DIN EN 12050-2	DN 32
Fäkalienhebeanlagen zur begrenzten Verwendung ohne Fäkalienzerkleinerung nach DIN EN 12050-3	DN 25
Fäkalienhebeanlagen zur begrenzten Verwendung mit Fäkalienzerkleinerung nach DIN EN 12050-3	DN 20

Zur Abwasserhebeanlage gehört druckseitig ein Rückflussverhinderer. In Fließrichtung gesehen, ist hinter dem Rückflussverhinderer ein Absperrschieber anzuordnen.

Bei Abwasserhebeanlagen nach DIN EN 12050-2 oder DIN EN 12050-3 kann, wenn die Nennweite der Druckleitung < DN 80 ist, auf den Absperrschieber verzichtet werden. Ist kein Absperrschieber in der Druckleitung vorhanden, muss der Rückflussverhinderer eine Anlüftvorrichtung besitzen oder eine anderweitige Entleerung der Druckleitung möglich sein.

Gemäß Abschnitt 5.2 der DIN EN 12056, Teil 4, dürfen an der Druckleitung keine anderen Anschlüsse vorgenommen werden. Der Einbau von Belüftungsventilen ist unzulässig.

Druckleitungen von Abwasserhebeanlagen dürfen nicht an Abwasserfallleitungen angeschlossen werden, sondern nur an belüftete Grund- oder Sammelleitungen. Die Anschlüsse der Druckleitung an die Grund- oder Sammelleitungen sind wie Anschlüsse druckloser Leitungen auszuführen.

Die Entwässerungsleitungen sind spannungsfrei an die Hebeanlagen anzuschließen. Das Gewicht der Rohrleitungen ist bauseits entsprechend abzufangen.

Die Druckleitung muss mindestens dem 1,5-Fachen des maximalen Pumpendrucks der Anlage standhalten.

***Bild 8:** Druckleitung einer Abwasserhebeanlage aus gusseisernen Abflussrohren, seit mehr als 25 Jahren in Betrieb (Quelle: Ishorst)*

Zur Vermeidung der direkten Schallübertragung durch den Pumpenbetrieb sind alle Leitungsanschlüsse an die Abwasserhebeanlagen flexibel auszuführen. Dieser Forderung wird durch den Einsatz von elastischen Schlauchverbindungen sowohl für die Zulaufanschlüsse als auch für die Verbindung zur Druckleitung Rechnung getragen. Die Befestigungen der Rohrleitungen sind schallgedämmt auszuführen.

Inbetriebnahme

Die Inbetriebnahme von Rückstausystemen sollte nach den Herstellerangaben und muss durch einen hierfür Fachkundigen erfolgen.

Über die Inbetriebnahme ist ein Protokoll zu erstellen, das dem Anlagenbetreiber auszuhändigen ist.

Inspektion und Wartung

Rückstauverschlüsse und Abwasserhebeanlagen müssen regelmäßig inspiziert und gewartet werden. Durch die regelmäßige Inspektion und Wartung der Rückstausysteme werden sowohl die Betriebs- und Funktionssicherheit sowie die Nutzungsdauer erhöht und Rückstauschäden vermieden.

Gemäß Tabelle 1, Nr. 13, der DIN 1986-3 „Entwässerungsanlagen für Gebäude und Grundstücke – Regeln für Betrieb und Wartung", Ausgabe Mai 2024, sind Rückstauverschlüsse nach DIN EN 13564-1 einmal im Monat zu inspizieren und in einem Turnus von sechs Monaten zu warten.

Zur Inspektion von Rückstauverschlüssen gehören folgende Tätigkeiten:

- Prüfen der Funktion des Betriebsverschlusses
- Betätigen des Notverschlusses durch Schließen und Öffnen

Bei der Wartung von Rückstauverschlüssen sind folgende Arbeiten auszuführen:

- Entfernen von Schmutz und Ablagerungen
- Prüfen von Dichtungen und Dichtflächen auf einwandfreien Zustand, ggf. Austausch der Dichtungen
- Kontrolle der Mechanik der beweglichen Abdichtorgane, ggf. Nachfetten
- Feststellen der Dichtheit der Betriebsverschlüsse durch eine Funktionsprüfung nach DIN EN 13564-2 mit einem Prüfdruck von 1 kPa und 10 min Prüfdauer (Herstellerangaben beachten!)

Rückstauverschlüsse nach DIN EN 13564-1, Typ 3 (für fäkalhaltiges Abwasser), müssen von fachkundigem Personal geprüft und gewartet werden. Die anderen Rückstauverschlusstypen (Typ 0, 1, 2 und 5) sind von sachkundigen Personen zu prüfen und zu warten.

Nach Tabelle A.1 Nr. 1 der DIN 1986-3 und Abschnitt 8 der DIN EN 12056-4 sind Abwasserhebeanlagen einmal im Monat zu inspizieren und in folgenden Zeitabständen zu warten:

- 3 Monate in gewerblichen Betrieben
- 6 Monate in Mehrfamilienhäusern
- 12 Monate in Einfamilienhäusern

Zur Inspektion von Abwasserhebeanlagen gehören folgende Tätigkeiten:

- Prüfen auf Betriebsfähigkeit durch Beobachtung von mindestens zwei Schaltzyklen
- Kontrolle auf Dichtheit und äußere Korrosion

Bei der Wartung von Abwasserhebeanlagen sind folgende Arbeiten auszuführen:

- Prüfen der Verbindungsstellen auf Dichtheit durch Absuchen des Umfelds von Anlagen und Armaturen
- Betätigen der Schieber, Prüfen auf leichten Gang und Dichtheit, ggf. nachstellen und einfetten
- Öffnen und Reinigen des Rückflussverhinderers; Kontrolle von Sitz und Kugel/Klappe; Funktionsprüfung
- Reinigen der Fördereinrichtung und des unmittelbar angeschlossenen Leitungsbereichs; Prüfen des Laufrads und der Lagerung
- Ölstandsprüfung, erforderlichenfalls Nachfüllen oder Ölwechsel (wenn Ölkammer vorhanden)
- Innenreinigung des Behälters (bei Bedarf bzw. speziellen Erfordernissen)
- visuelle Kontrolle des elektrischen Teils der Anlage
- visuelle Kontrolle des Zustands des Sammelbehälters
- alle 2 Jahre Anlage mit Wasser durchspülen.

Nach Erledigung der Wartungsarbeiten durch den Fachkundigen ist die Anlage nach Durchführung eines Probelaufs gemäß DIN EN 12056-4 wieder in Betrieb zu nehmen.

Über die Wartung ist ein Protokoll zu führen.

Wenn bei Wartungsarbeiten Mängel festgestellt werden, die nicht behoben werden können, sind diese vom Fachkundigen dem Betreiber der Anlage schriftlich gegen Quittung mitzuteilen.

Wartungsvertrag

Im Abschnitt 8.3 der DIN EN 12056-4 wird den Anlagebetreibern empfohlen, für die regelmäßig durchzuführenden Wartungs- und Instandhaltungsarbeiten einen Wartungsvertag abzuschließen.

Bemessung von Abwasserhebeanlagen

Beim Einsatz von Abwasserhebeanlagen, die zur Entwässerung von Ablaufstellen unterhalb der Rückstauebene dienen, ist die genaue Bemessung von entscheidender Bedeutung. Hierzu sollte frühzeitig ein entsprechendes Konzept erarbeitet werden, in dem alle zur Auslegung erforderlichen Eingangsgrößen festgelegt sind. Dabei ist z. B. bei Schmutzwasserhebeanlagen die genaue Kenntnis der angeschlossenen Entwässerungsgegenstände erforderlich; bei Regenwasserhebeanlagen die Größe der angeschlossenen Regeneinzugsflächen sowie die erforderliche Regenspende.

Nur durch ordnungsgemäß ausgelegte Abwasserhebeanlagen und Druckleitungen sowie die genaue Ermittlung des erforderlichen Nutzvolumens lassen sich unnötige Mehrkosten, wie z. B. durch einen höheren Stromverbrauch und Pumpenverschleiß, vermeiden.

Die Bemessung von Abwasserhebeanlagen und Druckleitungen muss nach DIN EN 12056-4 „Schwerkraftentwässerungsanlagen innerhalb von Gebäuden – Abwasserhebeanlagen: Planung und Bemessung“, Ausgabe Januar 2001, sowie DIN 1986-100 „Entwässerungsanlagen für Gebäude und Grundstücke – Bestimmungen in Verbindung mit DIN EN 752 und DIN EN 12056“, Ausgabe Dezember 2016, erfolgen.

Wichtige Begriffe

Fördermenge

Die Fördermenge der Pumpe $\boldsymbol{Q}_P$ muss mindestens dem Gesamtabwasserzufluss $\boldsymbol{Q}_{ges}$ entsprechen. Bei Schmutzwasserhebeanlagen zur begrenzten Verwendung nach DIN EN 12050-3 kann die Fördermenge der Pumpe $\boldsymbol{Q}_P$ kleiner sein als der Gesamtabwasserzufluss $\boldsymbol{Q}_{ges}$, wenn der Hersteller das Ausmaß der Abweichung angibt.

Förderhöhe

Die Gesamtförderhöhe $\boldsymbol{H}_P$ der Pumpe muss größer oder gleich der Gesamtförderhöhe $\boldsymbol{H}_{tot}$ sein. Die Gesamtförderhöhe $\boldsymbol{H}_{tot}$ entspricht der Summe aus der geodätischen Förderhöhe $\boldsymbol{H}_{geo}$ und der Druckverlusthöhe $\boldsymbol{H}_V$ der Rohrleitung.

Nutzvolumen

Das Nutzvolumen entspricht dem förderbaren Volumen zwischen Einschaltniveau und Ausschaltniveau der Abwasserhebeanlage. Ein zu geringes Nutzvolumen führt erfahrungsgemäß zu folgenden negativen Auswirkungen:

- mehr Pumpenschaltspiele, dadurch höherer Pumpenverschleiß
- höherer Stromverbrauch
- steigende Betriebskosten

Ermittlung der Fördermenge Q_P bei Schmutzwasserhebeanlagen

Bei der Bemessung von Schmutzwasserhebeanlagen muss zunächst der Gesamtabwasserzufluss Q_{ges} nach DIN 1986-100 ermittelt werden.

Der Gesamtschmutzwasserzufluss Q_{ges} bzw. Q_{tot} wird nach folgender Gleichung 1 der DIN 1986-100 berechnet:

$Q_{tot} = Q_{ww} + Q_c$ (l/s)

Dabei ist:

Q_{tot}	der Gesamtschmutzwasserabfluss in (l/s)
Q_{ww}	der Schmutzwasserabfluss in (l/s)
Q_c	der Dauerabfluss in (l/s)

Der Schmutzwasserabfluss Q_{ww} wird mit folgender Gleichung 2 der DIN 1986-100 ermittelt:

$Q_{ww} = K \times (\Sigma\, DU)^{0,5}$ (l/s)

Dabei ist:

Q_{ww}	der Schmutzwasserabfluss in (l/s)
K	die Abflusskennzahl
Σ DU	die Summe der Anschlusswerte

Tabelle 4: *In Anlehnung an Tabelle 5 der DIN 1986-100 Abflusskennzahlen (Quelle: Ishorst)*

Gebäudeart und Benutzung	*K*
Unregelmäßige Benutzung, z. B. in Wohnhäusern, Altersheimen, Pensionen, Büros	0,5
Regelmäßige Benutzung, z. B. in Krankenhäusern, Schulen, Restaurants, Hotels	0,7
Häufige Benutzung, z. B. in öffentlichen Toiletten und/oder Duschen	1,0

Tabelle 5: *In Anlehnung an Tabelle 6 der DIN 1986-100 – Anschlusswerte (Quelle: Ishorst)*

Entwässerungsgegenstand	Anschlusswert *DU* (l/s)
Waschbecken, Bidet	0,5
Dusche mit Stöpsel	0,8
Einzelurinal mit Druckspüler	0,5
Badewanne	0,8
Küchenspüle/Ausgussbecken	0,8
Geschirrspüler	0,8
Waschmaschine bis 8 kg	0,8
WC mit 6-l-Spülkasten/Druckspüler	2,0
Bodenablauf DN 70	1,5

Berechnungsbeispiel 1
Aufgabenstellung:

In einem Restaurant müssen die Damen- und Herrentoiletten im Kellergeschoss über eine Schmutzwasserhebeanlage entwässert werden.

Gegeben:

Folgende Sanitärgegenstände befinden sich in den Damen- und Herrentoiletten:

Tabelle 6: *Gesamtsumme der Anschlusswerte (DU) für Berechnungsbeispiel 1 (Quelle: Ishorst)*

Entwässerungsgegenstände	Anzahl	DU	Σ DU
WC mit 6-l-Spülkasten	11	2,0	22,0
Einzelurinal mit Druckspüler	6	0,5	3,0
Waschtisch	10	0,5	5,0
Bodenablauf DN 70	2	1,5	3,0
Gesamtsumme der Anschlusswerte			**33,0**

Die Abflusskennzahl für Restaurants beträgt $K = 0{,}7$

Gesucht: Die Fördermenge Q_P der Schmutzwasserhebeanlage

Gleichung: $Q_{ww} = K \times (\Sigma\, DU)^{0,5}$

Lösung: $Q_{ww} = 0{,}7 \times (33{,}0)^{0,5}$

Ergebnis: Die Fördermenge Q_P beträgt 4,02 l/s bzw. 14,48 m^3/h

Hinweis

Da Q_c im Beispiel nicht vorliegt, entspricht $Q_{ww} = Q_{tot} = Q_{ges}$

Ermittlung der Fördermenge Q_P bei Regenwasserhebeanlagen

Bei Regenwasserhebeanlagen muss der Gesamtregenwasserzufluss Q_{ges} nach DIN 1986-100 ermittelt werden. Die Fördermenge der Pumpe Q_P muss hierbei mindestens gleich bzw. größer Q_{ges} sein.

Nach Abschnitt 13.7.2 der DIN 1986-100 sind Regenwasserhebeanlagen, die Flächen unterhalb der Rückstauebene entwässern – die bei einer Überflutung Gebäude oder andere Sachwerte gefährden – unter Berücksichtigung von DIN EN 12056 Teil 4 so zu bemessen, dass bei Auftreten eines Jahrhundertregenereignisses $r_{(5,100)}$ keine Schäden auftreten können. Zu diesen Flächen zählen z. B. Haus- und Kellereingänge, Garageneinfahrten sowie Innenhöfe.

Für Flächen unterhalb der Rückstauebene, die Gebäude oder Sachwerte bei Überflutung nicht gefährden, ist ein Überflutungsnachweis mit dem mindestens 30-jährigen Regenereignis in 5 min $r_{(5,30)}$ zu führen. Hierbei ist die Abwasserhebeanlage für den mindestens 5-minütigen Regen, der einmal in 2 Jahren auftritt $r_{(5,2)}$, zu bemessen.

Bei der Bemessung der Rückhalteeinrichtungen und der Hebeanlage ist die vom Kanalnetzbetreiber zugelassene Einleitungsmenge zu berücksichtigen.

Der Gesamtregenwasserzufluss Q_{ges} bzw. Q_r wird nach folgender Gleichung (5) der DIN 1986-100 berechnet:

$$Q_r = r_{(D,T)} \times C_S \times A / 10.000 \text{ (l/s)}$$

Dabei ist:

Q_r	der Regenwasserabfluss in (l/s)
$r_{(D,T)}$	die Berechnungsregenspende in l/(s × ha) am Gebäudestandort nach Tabelle A.1 der DIN 1986-100 oder nach KOSTRA-DWD 2020
C_S	der Spitzenabflussbeiwert (dimensionslos) aus Tabelle 9 der DIN 1986-100
A	die im Grundriss projizierte Regeneinzugsfläche in (m^2)

Tabelle 7: *Regenspenden nach KOSTRA-DWD 2020 für Bonn-Zentrum (Quelle: Ishorst)*

Ort	Dachflächen	
	Regendauer D = 5 min	
Bonn-Zentrum	Bemessung	Notentwässerung
	$r_{(5,5)}$	$r_{(5,100)}$
	l/(s × ha)	l/(s × ha)
	287	517
Ort	**Grundstücksflächen**	
	Regendauer D = 5 min.	
Bonn-Zentrum	Bemessung	Überflutungsprüfung
	$r_{(5,2)}$	$r_{(5,30)}$
	l/(s × ha)	l/(s × ha)
	227	413

Nach Abschnitt 14.9.3 der DIN 1986-100 ist der Abflussbeiwert für die jeweilige Regeneinzugsfläche ausschließlich zur Ermittlung der Regenwassermenge mit dem zwei- und fünfjährigen Regenereignis zulässig. Bei größeren Jährlichkeiten als $T = 5$ ist der Abflussbeiwert = 1,0.

Berechnungsbeispiel 2
Aufgabenstellung:

Eine Regeneinzugsfläche unterhalb der Rückstauebene muss über eine Regenwasserhebeanlage entwässert werden. Da durch eine Überflutung Gebäude und Sachwerte gefährdet wären, muss das Jahrhundertregenereignis $r_{(5,100)}$ sicher abgeleitet werden können. Das Objekt befindet sich im Innenstadtbereich von Bonn.

Gegeben:

Größe der Regeneinzugsfläche	193,50 m^2
Jahrhundertregenspende (Bonn)	517 l/(s × ha)
Abflussbeiwert C_S	1,0

Gesucht: Die Fördermenge Q_P der Regenwasserhebeanlage

Gleichung: $Q_r = r_{(D,T)} \times C \times A/10.000$

Lösung: $Q_r = Q_{ges} = 517 \times 1,0 \times 193,5/10.000$

Ergebnis: Die Fördermenge Q_P muss mindestens 10,00 l/s bzw. 36,00 m^3/h betragen.

Tabelle 8: *In Anlehnung an Tabelle 9 der DIN 1986-100 – Spitzenabflussbeiwerte (Quelle: Ishorst)*

Art der Flächen Die Abflussbeiwerte beziehen sich ausschließlich auf Flächen, die potenziell einen Abfluss zum Entwässerungssystem haben.	**Spitzenabflussbeiwert C_S**
Schrägdach	
Metall, Glas, Schiefer, Faserzement	1,0
Ziegel, Abdichtungsbahnen	1,0
Flachdach (Neigung bis 3° oder etwa 5 %)	
Metall, Glas, Faserzement	1,0
Abdichtungsbahnen	1,0
Kiesschüttung	0,8
Begrünte Dachflächen*	
Extensivbegrünung (> 5°)	0,7
Intensivbegrünung, ab 30 cm Aufbaudicke (≤ 5°)	0,2
Extensivbegrünung, ab 10 cm Aufbaudicke (≤ 5°)	0,4
Verkehrsflächen (Straßen, Plätze, Zufahrten, Wege)	
Betonflächen	1,0
Schwarzdecken (Asphalt)	1,0
Befestigte Flächen mit Fugendichtung	1,0
Rampen	
Neigung zum Gebäude, unabhängig von der Neigung und Befestigungsart	1,0
* siehe auch C_S-Werte in den FLL-Dachbegrünungsrichtlinien	

Bemessung der Druckleitungen

Die Bemessung der Druckleitung von Abwasserhebeanlagen erfolgt nach Abschnitt 6 der DIN EN 12056, Teil 4. Bei der Bemessung ist zu berücksichtigen, dass die Fließgeschwindigkeit in der Druckleitung 0,7 m/s nicht unterschreiten darf. Eine Maximalgeschwindigkeit von 2,3 m/s ist zu berücksichtigen. Die Mindestnennweiten für Druckleitungen sind in Tabelle 2 der DIN EN 12056, Teil 4, festgelegt.

Tabelle 9: *In Anlehnung an Tabelle 2 der DIN EN 12056-4 Mindestnennweite der Druckleitung für Abwasserhebeanlagen (Quelle: Ishorst)*

Typ der Abwasserhebeanlage	**Mindestnennweite**
Fäkalienhebeanlagen ohne Fäkalienzerkleinerung nach DIN EN 12050-1	DN 80
Fäkalienhebeanlagen mit Fäkalienzerkleinerung nach DIN EN 12050-1	DN 32
Abwasserhebeanlagen für fäkalienfreies Abwasser nach DIN EN 12050-2	DN 32
Fäkalienhebeanlagen zur begrenzten Verwendung ohne Fäkalienzerkleinerung nach DIN EN 12050-3	DN 25
Fäkalienhebeanlagen zur begrenzten Verwendung mit Fäkalienzerkleinerung nach DIN EN 12050-3	DN 20

Die Förderhöhe der Pumpe H_P muss größer oder gleich der Gesamtförderhöhe H_{tot} sein. Zur Ermittlung der Gesamtförderhöhe gelten die folgenden Gleichungen:

$H_{tot} = H_{geo} + H_V$	
mit $H_V = H_{V,A} + H_{V,R}$	
Dabei ist:	
H_{tot}	Gesamtförderhöhe in (m)
H_{geo}	geodätische Förderhöhe in (m)
H_V	Druckhöhenverlust in (m)
$H_{V,A}$	Druckhöhenverlust in Armaturen und Formstücken in (m)
$H_{V,R}$	druckseitige Rohrreibungsverluste in (m)

Die geodätische Förderhöhe $\boldsymbol{H_{geo}}$ ergibt sich aus der Höhendifferenz zwischen dem Wasserspiegel in der Abwasserhebeanlage und dem höchsten Punkt der Druckleitung. In der Praxis wird hierzu häufig der Höhenunterschied zwischen dem Boden des Aufstellungsraums der Abwasserhebeanlage und der Rohrsohle in der Rückstauschleife herangezogen.

Der Druckhöhenverlust in Armaturen und Formstücken $\boldsymbol{H_{V,A}}$ errechnet sich wie folgt:

$H_{V,A} = \sum \zeta \times v^2 \times 0{,}5 / g$	
Dabei ist:	
$H_{V,A}$	Druckverlust in Armaturen und Formstücken in (m)
ζ	Verlustbeiwerte für Armaturen und Formstücke nach Tabelle 3 der DIN EN 12056-4
v	Strömungsgeschwindigkeit in (m/s)
g	Fallbeschleunigung = 9,81 in (m/s²)

Die druckseitigen Rohrreibungsverluste $\boldsymbol{H_{V,R}}$ werden wie folgt berechnet:

$H_{V,R} = \sum (H_{v,j} \times L_j)$	
Dabei ist:	
$H_{V,R}$	Rohrreibungsverlust in (m)
$H_{V,j}$	dimensionsloser Druckhöhenverlust bezogen auf die Rohrlänge nach Tabelle A.1 bzw. Bild 9 (Diagramm) der DIN EN 12056-4
L_j	Rohrleitungslänge in (m)

Alternativ kann $\boldsymbol{H_{V,j}}$ nach der Prandtl-Colebrook-Gleichung berechnet werden.

Sind die erforderliche Fördermenge $\boldsymbol{Q_P}$ und die erforderliche Gesamtförderhöhe $\boldsymbol{H_{tot}}$ ermittelt, kann aus den Diagrammen der Hersteller eine geeignete Abwasserhebeanlage ausgewählt werden.

Berechnungsbeispiel 3
Aufgabenstellung:

Die Gesamtförderhöhe $\boldsymbol{H_{tot}}$ einer Abwasserhebeanlage ist zu ermitteln.

Gegeben:		
Fördermenge Q_P	36 m³/h = 10,00 l/s	
Geodätische Förderhöhe H_{geo}	10,0 m	
Rohrlänge L_j	18,0 m	
Rohr	DN 100	
Geschwindigkeit v	1,3 m/s (Tabelle A.1 der DIN EN 12056-4)	
Druckhöhenverlust $H_{v,j}$	0,021 (Tabelle A.1 der DIN EN 12056-4)	
Verlustbeiwerte ζ für Armaturen/Formstücke	$\sum \zeta$ = 7,8 (Tabelle 3 der DIN EN 12056-4)	
	1 Absperrschieber à 0,5	= 0,5
	1 Rückflussverhinderer à 2,2	= 2,2
	3 Bogen 90° à 0,5	= 1,5
	12 Bogen 45° à 0,3	= 3,6
		$\sum \zeta$ = 7,8

Tabelle 10: *In Anlehnung an Tabelle 3 der DIN EN 12056-4 (Quelle: Ishorst)*

Art des Einzelwiderstands	ζ
Absperrschieber*	0,5
Rückflussverhinderer*	2,2
Bogen 90°	0,5
Bogen 45°	0,3
* Es sollten vorzugsweise Herstellerangaben verwendet werden.	

Tabelle 11: *In Anlehnung an Tabelle A.1 der DIN EN 12056-4 (Quelle: Ishorst)*

m^3/h	DN d_i = 60,0 mm		DN 70 d_i = 70,0 mm		DN 80 d_i = 80,0 mm		DN 90 d_i = 90,0 mm		DN 100 d_i = 100,0 mm		DN 125 d_i = 125,0 mm	
	$H_{v,j}$	v m/s	$H_{v,j}$	v m/s	$H_{v,j}$	v m/s	$H_{v,j}$	v m/s	$H_{v,j}$	v m/s	$H_{v,j}$	v m/s
36,0					0,068	2,0	0,037	1,6	0,021	1,3	0,007	0,8
38,0					0,076	2,1	0,041	1,7	0,024	1,3	0,008	0,9
40,0					0,084	2,2	0,045	1,7	0,026	1,4	0,008	0,9
42,0							0,050	1,8	0,029	1,5	0,009	1,0

Druckseitiger Rohrreibungsverlust $H_{V,R}$:

$H_{V,R} = H_{V,j} \times L_j$

$H_{V,R} = 0,021 \times 18$ m

$H_{V,R} = 0,378$ m

Druckhöhenverlust in Armaturen und Formstücken $H_{V,A}$:

$H_{V,A} = \sum \zeta \times v^2 \times 0,5/g$

$H_{V,A} = 7,8 \times (1,3)^2 \times 0,5/9,81$

$H_{V,A} = 0,672$ m

Druckhöhenverlust H_V:

$H_V = H_{V,R} + H_{V,A}$

$H_V = 0,378$ m $+ 0,672$ m

$H_V = 1,05$ m

Gesamtförderhöhe H_{tot}:

$H_{tot} = H_{geo} + H_V$

$H_{tot} = 10,0$ m $+ 1,05$ m

$H_{tot} = 11,05$ m

Ergebnis:

Nach der Ermittlung der Gesamtförderhöhe H_{tot} von 11,05 m bei einer erforderlichen Fördermenge Q_P von 36 m^3/h kann nunmehr aus den Herstellerunterlagen eine geeignete Abwasserhebeanlage ausgewählt werden.

Ermittlung Nutzvolumen

Gemäß Abschnitt 6.3 der DIN EN 12056-4 muss das Nutzvolumen größer sein als das über dem Rückflussverhinderer bis zur Rückstauschleife anstehende Volumen in der Druckleitung, jedoch mindestens 20 l. Dadurch wird sichergestellt, dass das Volumen in der Druckleitung bei einem Pumpvorgang komplett ausgetauscht wird.

Berechnungsbeispiel 4

Aufgabenstellung:

Die Länge einer Druckleitung DN 100 oberhalb des Rückflussverhinderers bis zur Rückstauschleife beträgt 18,0 m.

Gegeben:

Nennweite der Druckleitung	DN 100
Länge der Druckleitung	18,0 m
Wasserinhalt pro Meter Rohr DN 100	7,85 l/m

Gesucht:	Nutzvolumen in (l)
Gleichung:	Nutzvolumen = Inhalt pro m Rohr in l/m × Rohrlänge in (m)
Lösung:	Nutzvolumen = 7,85 l/m × 18,0 m
Ergebnis:	Das Nutzvolumen muss mindestens 141,3 l betragen.

Bemessungsgrundlagen von Regenentwässerungsanlagen für Gebäude und Grundstücke

Die sorgfältige Planung, Bemessung und Ausführung von Regenentwässerungsanlagen nach den geltenden Regelwerken sind Grundvoraussetzungen für die sichere Ableitung des Niederschlagswassers von Gebäuden und Grundstücken.

Regenentwässerungsanlagen zur Gebäude- und Grundstücksentwässerung müssen gemäß DIN 1986-100 „Entwässerungsanlagen für Gebäude und Grundstücke" sowie DIN EN 12056 „Schwerkraftentwässerungsanlagen innerhalb von Gebäuden" und DIN EN 752 „Entwässerungssysteme außerhalb von Gebäuden" bemessen werden.

Zur genauen Bemessung sind unbedingt exakte Eingangsdaten erforderlich, wie z. B. die Regenspenden am Standort, die Größe der einzelnen Regeneinzugsflächen sowie deren Abflussbeiwerte.

Regeneinzugsflächen

Das auf den Regeneinzugsflächen anfallende Niederschlagswasser muss planmäßig und kontrolliert abgeleitet werden. Regeneinzugsflächen können wie folgt grob unterschieden werden:

Geneigte Dächer

Die Entwässerung von geneigten Dächern kann durch außen liegende (vorgehängte), innen liegende oder eingebaute Rinnen erfolgen.

Bild 9: *Außen liegende Rinnenentwässerung bei historischem Gebäude (Quelle: BAUMETALL/Buck)*

Flachdächer

Flachdächer werden i. d. R. über Flachdachabläufe, innen liegende oder eingebaute Rinnen entwässert. Man unterscheidet Flachdächer in Massiv- und Leichtbauweise.

Bild 10: *HDE – Flachdachabläufe (Quelle: Saint-Gobain HES GmbH)*

Bei Flachdächern in Massivbauweise ist statisch nachzuweisen, dass die durch Überflutungen oder planmäßige Rückhaltung von Regenwasser entstehenden Belastungen sicher aufgenommen werden können.

Flachdächer in Leichtbauweise müssen so konstruiert sein, dass der Ablauf von Regenwasser sowie Schnee- und Hagelschmelze erfolgen kann, ohne dass es zur statischen Überlastung des Daches kommt.

Begrünte Dachflächen

Dachbegrünungen haben, je nach Schichtaufbau, ein großes Wasserrückhaltevolumen. Kleinere Regenereignisse können ggf. komplett gespeichert und anschließend zur Verbesserung des Stadtklimas verdunstet werden. Stärkere Regenereignisse, die nicht komplett gespeichert werden können, fließen größtenteils zeitverzögert ab.

Bild 11: *Dachbegrünung (Quelle: ZinCo GmbH)*

Wasserundurchlässige Außenflächen

Bei den wasserundurchlässigen Außenflächen handelt es sich z. B. um Betonflächen, Schwarzdecken (Belag aus Asphalt) oder gepflasterte Flächen mit Fugenverguss.

Teildurchlässige Außenflächen

Teildurchlässige Außenflächen sind z. B. Pflasterflächen mit Fugenanteil oder Rasengittersteine.

Bild 12: *Rasengittersteine*
(Quelle: BWL Betonwerk Linden)

Größe der Regeneinzugsflächen

Als Regeneinzugsfläche ***A*** ist in Deutschland grundsätzlich die im Grundriss projizierte Fläche zu verwenden. Das bedeutet, bei gleicher Grundrissfläche ist es unerheblich, ob es sich beispielsweise um ein gefälleloses Flachdach oder ein Giebeldach handelt.

Bemessung

Die Bemessung von Regenentwässerungsanlagen muss nach Abschnitt 14.2 der DIN 1986-100 erfolgen.

Der Regenwasserabfluss wird nach folgender Gleichung berechnet:

$$Q_r = r_{(D,T)} \times C_S \times A/10.000 \text{ (l/s)}$$

Dabei ist:

Q_r	der Regenwasserabfluss in (l/s)
$r_{(D,T)}$	die Berechnungsregenspende in l/(s × ha) am Gebäudestandort nach KOSTRA-DWD 2020
C_S	der Spitzenabflussbeiwert (dimensionslos) aus Tabelle 9 der DIN 1986-100
A	die wirksame, im Grundriss projizierte Fläche in (m^2)

Regenspenden

Unter der Regenspende versteht man die Regenwassermenge, die in einer bestimmten Zeiteinheit auf eine bestimmte Fläche niedergeht. Sie wird angegeben in l/(s × ha) bzw. in l/(s × m^2).

Die Regenspenden für den jeweiligen Standort werden dem aktuellen KOSTRA-DWD entnommen. KOSTRA-DWD steht für „Koordinierte Starkniederschlagsregionalisierung und -auswertung des DWD (Deutscher Wetterdienst)".

Im Jahr 2005 erschien die Ausgabe „KOSTRA-DWD-2000". Diese basierte auf den Daten der Jahre 1951 bis 2000. Eine Fortschreibung der Starkniederschlagsauswertungen wurde im Jahr 2016 als „KOSTRA-DWD 2010" und im Jahr 2023 als „KOSTRA-DWD 2020" (derzeit gültige Ausgabe) veröffentlicht, basierend auf den Daten der Jahre 1951 bis 2020.

Zur Erstellung des KOSTRA-DWD 2020 wurde Deutschland in ein Rasternetz (je Rasterfeld rund 25 km^2) eingeteilt. Bei den Auswertungen wurden Niederschlagshöhen in mm und Regenspenden in l/(s × ha) je Rasterfeld berechnet. Diese Werte werden für Dauerstufen von 5 min bis 168 h bei Jährlichkeiten von 1 bis 100 a angegeben.

Hinweis

Zur Erinnerung (vgl. Kapitel „Bemessung von Abwasserhebeanlagen"):

Tabelle 12: *Regenspenden nach KOSTRA-DWD 2020 für Bonn Zentrum (Quelle: Ishorst)*

Ort	Dachflächen Regendauer D = 5 min	
Bonn-Zentrum	Bemessung	Notentwässerung
	$r_{(5,5)}$	$r_{(5,100)}$
	l/(s × ha)	l/(s × ha)
	287	517
Ort	**Grundstücksflächen Regendauer D = 5 min.**	
Bonn-Zentrum	Bemessung	Überflutungsprüfung
	$r_{(5,2)}$	$r_{(5,30)}$
	l/(s × ha)	l/(s × ha)
	227	413

Abflussbeiwerte

Der dimensionslose Abflussbeiwert ***C*** ist das Verhältnis von demjenigen Teil eines Regens, der direkt zu den Ablaufstellen der Regenentwässerungsanlage gelangt.

Je nach Beschaffenheit der Regeneinzugsfläche kann es zu zeitlichen Verzögerungen beim Abfluss kommen bzw. es versickert oder verdunstet ein Teil des Abflusses. Die Abflussbeiwerte zur Bemessung von Regenentwässerungsanlagen für Gebäude und Grundstücke befinden sich in der Tabelle 9 der DIN 1986-100.

Man unterscheidet zwischen dem Spitzenabflussbeiwert C_S und dem mittleren Abflussbeiwert C_m. Der Spitzenabflussbeiwert C_S wird zur Berechnung von Dachentwässerungen und Grundleitungen verwendet, der mittlere Abflussbeiwert C_m zur Berechnung des Volumens von Regenwasserrückhalteräumen.

Tabelle 13: *In Anlehnung an Tabelle 9 der DIN 1986-100 – Spitzenabflussbeiwerte (Quelle: Ishorst)*

Art der Flächen Die Abflussbeiwerte beziehen sich ausschließlich auf Flächen, die potenziell einen Abfluss zum Entwässerungssystem haben.	Spitzenabflussbeiwert C_S
Schrägdach	
Metall, Glas, Schiefer, Faserzement	1,0
Ziegel, Abdichtungsbahnen	1,0
Flachdach (Neigung bis 3° oder etwa 5 %)	
Metall, Glas, Faserzement	1,0
Abdichtungsbahnen	1,0
Kiesschüttung	0,8
Begrünte Dachflächen*	
Extensivbegrünung (> 5°)	0,7
Intensivbegrünung, ab 30 cm Aufbaudicke (≤ 5°)	0,2
Extensivbegrünung, ab 10 cm Aufbaudicke (≤ 5°)	0,4
Verkehrsflächen (Straßen, Plätze, Zufahrten, Wege)	
Betonflächen	1,0
Schwarzdecken (Asphalt)	1,0
Befestige Flächen mit Fugendichtung	1,0
Rampen	
Neigung zum Gebäude, unabhängig von der Neigung und Befestigungsart	1,0
* siehe auch C_S-Werte in den FLL-Dachbegrünungsrichtlinien	

Bemessung von Regenentwässerungsanlagen

Die Regenentwässerung kann über Freispiegelsysteme oder planmäßig betriebene Regenwasserleitungen mit Druckströmung erfolgen.

Freispiegelsysteme werden als druckloses System mit Gefälleleitungen betrieben. Bei Dachentwässerungsanlagen mit planmäßig vollgefüllt betriebenen Rohrleitungen wird mit Erreichen der Berechnungsregenspende die geodätische Druckdifferenz zwischen Ebene-Dachablauf und dem Übergang in die Freispiegelentwässerung (Sammel- oder Grundleitung) zur Erzeugung einer leistungsfähigen Strömung genutzt. Planmäßig betriebene Regenwasserleitungen mit Druckströmung dürfen gefällelos verlegt werden.

Die Bemessung von Regenentwässerungsanlagen muss nach Abschnitt 14.2 der DIN 1986-100 erfolgen. Der Regenwasserabfluss wird nach folgender Gleichung berechnet:

$Q_r = r_{(D,T)} \times C_S \times A / 10.000$ (l/s)

Dabei ist:

Q_r	der Regenwasserabfluss in (l/s)
$r_{(D,T)}$	die Berechnungsregenspende in l/(s × ha) am Gebäudestandort nach KOSTRA-DWD 2020
C_S	der Spitzenabflussbeiwert (dimensionslos) aus Tabelle 9 der DIN 1986-100
A	die wirksame, im Grundriss projizierte Fläche in (m^2)

Die für die Bemessung maßgebende Regendauer ist mit ***D*** = 5 min zu berücksichtigen. Die Jährlichkeit ***T*** wird durch die Aufgabenstellung festgelegt und muss unter Beachtung der Art und Nutzung des Gebäudes vorgenommen werden. Sicherheitsfaktoren müssen dann nicht mehr berücksichtigt werden.

Die Jährlichkeit ***T*** des Berechnungsregens für Grundstücksflächen, ausgenommen Dachflächen, muss für Niederschlagsflächen ohne geplante Regenrückhaltung mindestens einmal in 2 Jahren (***T*** = 2) betragen.

Die Jährlichkeit ***T*** des Berechnungsregens für die Entwässerung von Dachflächen muss mindestens einmal in 5 Jahren (***T*** = 5) betragen.

Flachdach

Berechnungsbeispiel Flachdach

Gegeben:

Berechnungsregenspende $r_{(5,5)}$	= 287 l/(s × ha) für Bonn-Zentrum
Spitzenabflussbeiwert C_S	= 0,8 für Kiesdach (Tabelle 9/DIN 1986-100)
Dachfläche A	= 1.000 m^2

Gesucht: Q in Liter pro Sekunde (l/s)
Gleichung: $Q = r_{(5,5)} \times C_S \times A/10.000$ (l/s)
Lösung: $Q = 287 \times 0,8 \times 1.000/10.000$ (l/s)
Ergebnis: Q = 23,0 l/s

Parkplatz

Berechnungsbeispiel Parkplatz

Gegeben:

Berechnungsregenspende $r_{(5,2)}$	= 227 l/(s × ha) für Bonn-Zentrum
Spitzenabflussbeiwert C_S	= 0,4 für Rasengittersteine (Tabelle 9/DIN 1986-100)
Fläche A	= 250 m^2

Gesucht: Q in Liter pro Sekunde (l/s)
Gleichung: $Q = r_{(5,2)} \times C_S \times A/10.000$ (l/s)
Lösung: $Q = 227 \times 0,4 \times 250/10.000$ (l/s)
Ergebnis: Q = 2,27 l/s

Die Bemessung von Regenwasserleitungen im Freispiegelsystem wird nach Abschnitt 6 der DIN EN 12056-3 bzw. Abschnitt 14.2.7 der DIN 1986-100 vorgenommen.

Einzelanschlussleitungen werden wie Sammelleitungen bemessen, jedoch darf die Nennweite nicht geringer sein als die Nennweite des Dachablaufs, da bei Freispiegelsystemen eine Reduzierung der Nennweite in Fließrichtung nicht zulässig ist. Sammelanschlussleitungen müssen ebenfalls wie Sammelleitungen bemessen werden.

Fallleitungen dürfen keine geringere Nennweite aufweisen als die Anschlussnennweite des zugehörigen Dachablaufs bzw. der Sammelanschlussleitung. Bei der Bemessung von Fallleitungen ist ein Füllungsgrad von ***f*** = 0,33 möglich.

Tabelle 14: *In Anlehnung an Tabelle 8 der DIN EN 12056, Teil 3 – Abflussvermögen von senkrechten Regenwasserfallleitungen (Quelle: Ishorst)*

Innendurchmesser der Regenwasserfallleitung d_i in mm	Abflussvermögen in l/s bei Füllungsgrad f = 0,33
50	1,7
70	4,1
80	5,9
90	8,1
100	10,7
125	19,4
150	31,6
200	68,0

Fallleitung

Auslegungsbeispiel Fallleitung

Gegeben:

Regenwasserabfluss Q = 4,0 l/s
Gewählter Dachablauf = DN 100 (nach Tabelle 10 der DIN 1986-100)

Gesucht: Dimension der Regenwasserfallleitung
Ergebnis: DN 100

Tabelle 15: *In Anlehnung an Tabelle 10 der DIN 1986-100 (Quelle: Ishorst)*

<table>
<tr><th colspan="5">Erforderliche Druckhöhe h am Dachablauf zur Erreichung des Mindestabflusses nach DIN EN 1253-2</th></tr>
<tr><th rowspan="2">Nennweite</th><th colspan="2">Schwerkraftentwässerung</th><th colspan="2">Entwässerung mit Druckströmung</th></tr>
<tr><th>Mindestabflusswert l/s</th><th>Stauhöhe h mm</th><th>Mindestabflusswert l/s</th><th>Stauhöhe h mm</th></tr>
<tr><td>40</td><td>–</td><td>–</td><td>3,0</td><td rowspan="6">55</td></tr>
<tr><td>50</td><td>0,9</td><td rowspan="5">35</td><td>6,0</td></tr>
<tr><td>70</td><td>1,7</td><td>12,0</td></tr>
<tr><td>80 (75)</td><td>2,6</td><td>14,0</td></tr>
<tr><td>90</td><td>3,0</td><td>18,0</td></tr>
<tr><td>100</td><td>4,5</td><td>22,0</td></tr>
<tr><td>125</td><td>7,0</td><td rowspan="2">45</td><td rowspan="2">–</td><td rowspan="2">–</td></tr>
<tr><td>150</td><td>8,1</td></tr>
</table>

Hinweis

Hinweis zum Auslegungsbeispiel: Nach Tabelle 8 der DIN EN 12056, Teil 3, wäre bei 4,0 l/s eine Fallleitungsdimension DN 70 ausreichend. Da aber der Dachablauf – gemäß Tabelle 10 der DIN 1986-100 – in DN 100 ausgeführt werden muss, und nach Abschnitt 6.1.8 der DIN 1986-100 bei Freispiegelentwässerung Reduzierungen der Rohr-Nennweiten in Fließrichtung unzulässig sind, muss die Fallleitung in DN 100 ausgeführt werden.

Fallleitungsverzüge von ≥ 10° (≥ 17,6 %) bleiben bei der Ermittlung des Abflussvermögens der Fallleitungen unberücksichtigt. Bei Fallleitungsverzügen < 10° (< 17,6 %) müssen die Fallleitungen mit dem Gefälle des Leitungsverzugs und einem Füllungsgrad von $\boldsymbol{h}/\boldsymbol{d}_i = 0{,}7$ bemessen werden.

Die Bemessung von liegenden Regenwasserleitungen (Einzel- und Sammelanschlussleitungen sowie Sammel- und Grundleitungen) erfolgt auf Basis der Prandtl-Colebrook-Gleichung mit einer betrieblichen Rohrrauheit von $\boldsymbol{k}_b = 1{,}0$ mm.

Innerhalb des Gebäudes sind Sammel- und Grundleitungen für einen maximalen Füllungsgrad von $\boldsymbol{h}/\boldsymbol{d}_i = 0{,}7$ unter Berücksichtigung eines Mindestgefälles von $\boldsymbol{J} = 0{,}5$ cm/m zu bemessen.

Bei der Bemessung von Grundleitungen außerhalb des Gebäudes ist die Mindestgeschwindigkeit mit $\boldsymbol{v} = 0{,}7$m/s und eine Maximalgeschwindigkeit von $\boldsymbol{v} = 2{,}5$ m/s zu berücksichtigen. Das Mindestgefälle beträgt hier $\boldsymbol{J} = 1$:DN und der zulässige Füllungsgrad $\boldsymbol{h}/\boldsymbol{d}_i = 0{,}7$.

Hinter einem Schacht mit offenem Durchfluss kann auf Vollfüllung ohne Überdruck ($\boldsymbol{h}/\boldsymbol{d} = 1{,}0$) bemessen werden.

Zur Vereinfachung befinden sich im Anhang A der DIN 1986-100 folgende Tabellen zur Bemessung von liegenden Regenwasserleitungen im Freispiegelsystem:

- **Tabelle A.4** für Füllungsgrad h/d = 0,7
- **Tabelle A.5** für Füllungsgrad h/d = 1,0

Die Bemessungsmethoden für **planmäßig vollgefüllt betriebene Dachentwässerungsanlagen (Druckströmung)** befinden sich im Abschnitt 14.3 der DIN 1986-100.

Vorgehängte Rinnen aller Querschnittsformen werden nach DIN EN 12056-3, Abschnitt 5.1, bemessen. Hierbei gelten Rinnen mit einem Gefälle bis zu 3 mm/m als gefällelos. Alternativ können halbrunde und kastenförmige Rinnen gemäß Abschnitt 14.4 der DIN 1986-100 bemessen werden.

Die Anforderungen an **innen liegende und eingebaute Rinnen** einschließlich der erforderlichen Notentwässerung befinden sich im Abschnitt 14.4.2 der DIN 1986-100, wobei die Bemessung nach Abschnitt 5.2 der DIN EN 12056-3 erfolgt.

Für die Planung, Bau und Instandhaltung von **Dachbegrünungen** gelten die FLL-Dachbegrünungsrichtlinien, Ausgabe 2018. Die FLL-Dachbegrünungsrichtlinien gelten für Intensivbegrünungen, einfache Intensivbegrünungen und Extensivbegrünungen auf Dächern und Decken, z. B. Hallendächern, Dachterrassen, Tiefgaragen und anderen Bauwerksdecken mit einer Überdeckungshöhe bis 2,0 m.

Die zugehörigen Regenentwässerungsanlagen und Notentwässerungen müssen in Übereinstimmung mit der DIN 1986-100 und der DIN EN 12056-3 geplant, bemessen und ausgeführt werden.

Für die Bemessung von Regenentwässerungsanlagen bei Dächern mit Begrünung (Freispiegelsystem bzw. Dachentwässerung mit Druckströmung) sollten die Spitzenabflussbeiwerte C_s für begrünte Dachflächen gemäß den Dachbegrünungsrichtlinien Abschnitt 9.3.4 verwendet werden.

Tabelle 16: *In Anlehnung an: Spitzenabflussbeiwerte gemäß FLL-Dachbegrünungsrichtlinien (Quelle: Ishorst)*

Aufbaudicke	Dachneigung bis 5°	Dachneigung größer 5°
> 50 cm	$C_S = 0{,}1$	
> 25–50 cm	$C_S = 0{,}2$	
> 15–25 cm	$C_S = 0{,}3$	
> 10–15 cm	$C_S = 0{,}4$	$C_S = 0{,}5$
> 6–10 cm	$C_S = 0{,}5$	$C_S = 0{,}6$
> 4–6 cm	$C_S = 0{,}6$	$C_S = 0{,}7$
> 2–4 cm	$C_S = 0{,}7$	$C_S = 0{,}8$

Überflutungsnachweise und Regenrückhaltung

Die Forderung nach einem Überflutungsnachweis erfolgte bereits mit Einführung der DIN 1986-100 im März 2002. Bedingt durch zunehmende Starkregenereignisse in den letzten Jahrzehnten und die fortschreitende Versiegelung von Landschaften durch Bebauung, sind die öffentlichen Kanalsysteme vielerorts überlastet. Der kostenintensive Neubau oder die Erweiterung der öffentlichen Kanäle wäre die Folge, kann aber von den Kommunen und Gebietskörperschaften oftmals nicht geleistet werden. Eine Möglichkeit zur Lösung des Problems ist hierbei die kontrollierte schadlose Überflutung des Grundstücks während schwerer Regenereignisse.

Begriffe

Abflussbeiwert

Verhältniswert, der den Anteil des abfließenden Volumens am Niederschlagsvolumen angibt. Man unterscheidet zwischen dem Spitzenabflussbeiwert C_S (Regenentwässerungsanlage und Überflutungsnachweis) und dem mittleren Abflussbeiwert C_m (Regenrückhalteräume gemäß DWA-Arbeitsblatt A 117 „Bemessung von Regenrückhalteräumen").

Abflusswirksame Fläche

Summe aller angeschlossenen Teilflächen eines Grundstücks, multipliziert mit dem jeweils zugehörigen Abflussbeiwert.

Drosselabfluss

Durch Einrichtung zur Begrenzung oder Verminderung des Abflusses (z. B. Drosselstrecke, Drosselschieber) reduzierter Spitzenabfluss aus einer vorübergehenden Speicherung (Rückhaltung) auf dem Grundstück.

Entspannungspunkt

Teil einer Entwässerungsanlage – z. B. ein Hofablauf – an dem Abwasser auf die Geländeoberfläche austreten kann.

Notentwässerung

Zusätzliche Regenentwässerung über Notab- oder Notüberläufe mit freiem Auslauf auf schadlos überflutbare Grundstücksflächen.

Kontrollierte schadlose Überflutung

Kontrollierte Überflutung, die aufgrund baulicher Vorkehrungen keine Schäden erwarten lässt.

Überstau

Überlastungszustand der Entwässerungsanlage, bei dem Abwasser ein festgelegtes Bezugsniveau vertikal überschreitet.

Bagatellgrenzen

Nach DIN 1986-100 ist bei der Regenentwässerung von kleinen Grundstücken kein Überflutungsnachweis erforderlich. Das sind Grundstücke mit einer abflusswirksamen Fläche bis 800 m², für die ein Kanalanschluss von DN 150 ausreichend ist. Sollte die Entwässerungsbehörde vor Ort andere Vorgaben machen, sind diese zu erfüllen. Die jeweiligen Regelungen sind gleichfalls auf Versickerungsanlagen übertragbar, die gemäß Arbeitsblatt DWA-A 138 „Planung, Bau und Betrieb von Anlagen zur Versickerung von Niederschlagswasser" mit einer Jährlichkeit von *T* = 5 Jahren und einem Berechnungsregen nach KOSTRA-DWD bemessen werden. Hierbei ist darauf zu achten, dass bei Überstau der Versickerungsanlage kein Wasser in das eigene Gebäude oder in Nachbargebäude eindringen kann.

Anforderungen zum Überflutungsnachweis

Die Anforderungen zum Überflutungsnachweis und der Regenrückhaltung werden im Abschnitt 14.9.2 der DIN 1986-100 beschrieben. Der Überflutungsnachweis bzw. die Kontrolle der schadlosen Überflutung auf dem Grundstück erfolgt in Anlehnung an DIN EN 752 „Entwässerungssysteme außerhalb von Gebäuden – Kanalmanagement" und ist unabhängig von der Einleitung in den öffentlichen Kanal oder ein Gewässer zu führen.

Für Grundstücke mit einer Gesamtfläche bis 200 ha ist ein Überflutungsnachweis gemäß DIN 1986-100 erforderlich. Bei Grundstücken über 200 ha sollten der Überflutungsnachweis sowie die Bemessung der Grundleitungen mit Abflusssimulationsmodellen entsprechend DWA-Arbeitsblatt A 118 „Hydraulische Bemessung und Nachweis von Entwässerungssystemen" durchgeführt werden.

Grundleitungen von Grundstücken mit einer Gesamtfläche bis 200 ha, die größere schadlos überflutbare Außenflächen entwässern, können nach Tabelle 4 des DWA-Arbeitsblatts A 118, Ausgabe März 2006, bemessen werden. Hierbei darf eine Jährlichkeit ***T*** des Berechnungsregens von einmal in 2 Jahren nicht unterschritten werden.

Je nach den örtlichen Verhältnissen – z. B. Größe, Topografie oder Lage der Entspannungspunkte – ist es erforderlich, das Grundstück in mehrere entwässerungstechnische Teilgebiete aufzuteilen. Erfahrungsgemäß ist dies bei Grundstücken mit mehreren Kanalanschlüssen grundsätzlich erforderlich.

Der Luftraum der auf Teilfüllung bemessenen Grundleitungen darf nicht auf das Rückhaltevolumen angerechnet werden.

Durchführung des Überflutungsnachweises

Beim Überflutungsnachweis muss gemäß Abschnitt 14.9.3 der DIN 1986-100 die Differenz zwischen der auf dem Grundstück anfallenden Regenwassermenge $V_{Rück}$ in m³ beim mindestens 30-jährigen Regenereignis und der über die Entwässerungsanlage abzuleitenden Regenwassermenge beim 2-jährigen Berechnungsregen ermittelt werden. Ist ein außergewöhnliches Maß an Sicherheit erforderlich, ist eine größere Jährlichkeit als 30 Jahre zu wählen. Je nach den örtlichen Verhältnissen auf dem Grundstück ist der Überflutungsnachweis ggf. auch für Teile der Entwässerungsanlage – z. B. für einzelne Entspannungspunkte – zu führen.

Die Ermittlung der zurückzuhaltenden Regenwassermenge $V_{Rück}$ in m³ erfolgt gemäß folgender Gleichung 20 der DIN 1986-100:

$$V_{Rück} = (r_{(D,30)} \times A_{ges} - [r_{(D,2)} \times A_{Dach} \times C_{S,Dach} + r_{(D,2)} \times A_{FaG} \times C_{S,FaG}]) \times D \times 60 \times 10^{-7}$$

Dabei ist:

$V_{Rück}$	die zurückzuhaltende Regenwassermenge in (m³)
D	die maßgebende Regendauer in Minuten nach Tabelle 4 des DWA-Arbeitsblatts 118, sonst 5 Minuten
C_S	der Spitzenabflussbeiwert (Tabelle 9 der DIN 1986-100)
A_{ges}	die gesamte befestigte Fläche des Grundstücks in (m²)
A_{Dach}	die gesamte Gebäudedachfläche in (m²)
A_{FaG}	die gesamte befestigte Fläche außerhalb der Gebäude in (m²)

Wurde die Bemessung der Grundleitungen nach dem Arbeitsblatt DWA-A 118, Ausgabe März 2006 (Tabelle 4), vorgenommen, kann statt des Bemessungsregens der maximale Abfluss bei Vollfüllung Q_{voll} in Ansatz gebracht werden (i. d. R. der maximale Abfluss des Anschlusskanals bei Vollfüllung in Liter pro Sekunde). Hierzu wird die folgende Gleichung 21 der DIN 1986-100 angewendet:

$$V_{Rück} = (r_{(D,30)} \times A_{ges} \times 10^{-4} - Q_{Voll}) \times D \times 60 \times 10^{-3}$$

Die zurückzuhaltende Regenwassermenge $\boldsymbol{V_{Rück}}$ in m^3 ist für Fließzeiten von 5, 10 und 15 min zu berechnen. Der größte der drei Werte für $\boldsymbol{V_{Rück}}$ ist maßgebend.

Wenn die Regeneinzugsflächen des Grundstücks zu mehr als 70 % aus Dachflächen bestehen, muss der Überflutungsnachweis in Verbindung mit der Notentwässerung für den Jahrhundertregen $\boldsymbol{r_{(5,100)}}$ durchgeführt werden.

Der Abflussbeiwert für die jeweilige Regeneinzugsfläche ist ausschließlich zur Ermittlung der Regenwassermenge mit dem 2- und 5-jährigen Regenereignis zulässig. Bei größeren Jährlichkeiten als $\boldsymbol{T} = 5$ ist der Abflussbeiwert = 1,0.

Berechnungsbeispiel 1 Überflutungsnachweis

Gegeben:

Dachflächen 1.025 m^2 mit C_S	= 1,0 entspricht $A_{Dach} \times C_{S,Dach}$ = 1.025 m^2
Befestigte Außenflächen 1.050 m^2 mit C_S	= 1,0 + 625 m^2 mit C_S = 0,7 entspricht $A_{FaG} \times C_{S,FaG}$ = 1.487,50 m^2
Gesamte befestigte Fläche A_{ges}	= 2.700 m^2
Regendauer D	= 10 Minuten (Tabelle 4 des DWA-Arbeitsblatts 118)
Berechnungsregenspende $r_{(10,2)}$	= 159,0 l/(s × ha);
Überflutungsregenspenden $r_{(5,30)}$	= 422,5 l/(s × ha) / $r_{(10,30)}$ = 305,4 l/(s × ha) / $r_{(15,30)}$
	= 248,4 l/(s × ha)
Maximaler Abfluss bei Vollfüllung Q_{Voll}	= 51,3 l/s (Anschlusskanal DN 250 bei Gefälle 1 % nach Tabelle A.5 der DIN 1986-100)

Tabelle 17: *Berechnungsbeispiel Überflutungsnachweis – Gleichung 20 (Quelle: Ishorst)*

Berechnungsbeispiel Überflutungsnachweis mit Gleichung 20 der DIN 1986-100			
Abflusswirksame Dachflächen	$A_{Dach} \times C_{S,Dach}$	m^2	1.025,0
Abflusswirksame Außenflächen	$A_{FaG} \times C_{S,FaG}$	m^2	1.487,5
Gesamte befestigte Grundstücksfläche	A_{ges}	m^2	2.700,0
Maßgebende Regendauer	D	Minuten	10
Berechnungsregenspende	$r_{(D,2)}$	l/(s × ha)	159,0
Überflutungsregenspende	$r_{(D,30)}$	l/(s × ha)	305,4
Zurückzuhaltende Regenwassermenge	$\boldsymbol{V_{Rück}}$	$\boldsymbol{m^3}$	**25,51**

Tabelle 18: *Berechnungsbeispiel Überflutungsnachweis – Gleichung 21 (Quelle: Ishorst)*

Berechnungsbeispiel Überflutungsnachweis mit Gleichung 21 der DIN 1986-100			
Überflutungsregenspende 5 min	$r_{(5,30)}$	l/(s × ha)	422,5
Überflutungsregenspende 10 min	$r_{(10,30)}$	l/(s × ha)	305,4
Überflutungsregenspende 15 min	$r_{(15,30)}$	l/(s × ha)	248,4
Gesamte befestigte Grundstücksfläche	A_{ges}	m^2	2.700,0
Grundleitung bei Vollfüllung	Q_{voll}	l/s	51,3
Zurückzuhaltende Regenwassermenge			
in 5 min	$\boldsymbol{V_{Rück}}$	$\boldsymbol{m^3}$	**18,83**
in 10 min	$\boldsymbol{V_{Rück}}$	$\boldsymbol{m^3}$	**18,69**
in 15 min	$\boldsymbol{V_{Rück}}$	$\boldsymbol{m^3}$	**14,19**

Ergebnis:

Aus Gleichung 20 ergibt sich eine maßgebende zurückzuhaltende Regenwassermenge $\boldsymbol{V_{Rück}}$ von 25,51 m^3; nach Gleichung 21 beträgt die maßgebende zurückzuhaltende Regenwassermenge $\boldsymbol{V_{Rück}}$ = 18,83 m^3.

Regenrückhalteräume bei Einleitungsbeschränkungen

Bei Einleitungsbeschränkungen durch den Kanalnetzbetreiber **muss zusätzlich zum Überflutungsnachweis** die Berechnung des erforderlichen Regenrückhaltevolumens $\boldsymbol{V_{RRR}}$ erfolgen. Die Berechnung muss im „Einfachen Verfahren" gemäß DWA-Arbeitsblatt A 117 „Bemessung von Regenrückhalteräumen", Ausgabe Dezember 2013, durchgeführt werden. Die Jährlichkeit entspricht i. d. R. der Bemessung des öffentlichen Kanals und sollte im Vorfeld beim Kanalnetzbetreiber erfragt werden (erfahrungsgemäß in den häufigsten Fällen eine Jährlichkeit von $T = 2$).

Die abflusswirksame Fläche $\boldsymbol{A_u}$ muss hierbei gemäß DWA-A 117 mit dem jeweiligen mittleren Abflussbeiwert $\boldsymbol{C_m}$ ermittelt werden. Das erforderliche Speichervolumen $\boldsymbol{V_{RRR}}$ ergibt sich aus der maximalen Differenz der in einem Zeitraum anfallenden Niederschlagswassermenge abzüglich der in diesem Zeitraum über die Drossel abfließenden Regenwassermenge.

Der erforderliche Regenrückhalteraum $\boldsymbol{V_{RRR}}$ wird mit folgender Gleichung 22 berechnet:

$$V_{RRR} = A_u \times r_{(D,T)} \times 10^{-4} \times D \times f_Z \times 0{,}06 - D \times f_Z \times Q_{Dr} \times 0{,}06$$

Dabei ist:

V_{RRR}	das Volumen des Regenrückhalteraums in (m^3)
A_u	die abflusswirksame Grundstücksfläche im (m^2)
$r_{(D,T)}$	die Regenspende in l/(s × ha)
D	die maßgebende Regendauer in (min)
f_Z	das mittlere Risikomaß mit dem Zuschlagsfaktor $f_Z = 1{,}15$ (einfaches Verfahren nach DWA A 117)
Q_{Dr}	der Drosselabfluss in (l/s)

Bei den Berechnungen nach Gleichung 22 muss der erforderliche Regenrückhalteraum $\boldsymbol{V_{RRR}}$ iterativ für verschiedene Wertepaare der Dauerstufe ***D*** (beginnend bei 5 min bis maximal 4.320 min) und der jeweils zugehörigen Regenspende $\boldsymbol{r_{(D,T)}}$ bestimmt werden. Das größte ermittelte Ergebnis für $\boldsymbol{V_{RRR}}$ in m^3 ist maßgebend.

Wenn durch den Kanalnetzbetreiber eine Drosselabflussspende in ***l/(s × ha)*** vorgegeben wird, muss der Drosselabfluss $\boldsymbol{Q_{Dr}}$ in ***l/s*** über folgende Gleichung ermittelt werden:

$$Q_{Dr} = A_u \times \text{Drosselabflussspende} \times 10^{-4}$$

Das größte Rückhaltevolumen **(V_{RRR})**, das sich aus den Berechnungen für den Überflutungsnachweis (Gleichung 20 oder 21) und für die Einleitungsbeschränkung (Gleichung 22) ergibt, ist maßgebend.

Berechnungsbeispiel 2 für Regenrückhalteraum

(gleiches Objekt wie bei Berechnungsbeispiel 1)

Gegeben:

Dachflächen 1.025 m² mit C_m	= 0,9 entspricht $A_{Dach} \times C_{m,Dach}$ = 922,5 m²
Befestigte Außenflächen 1.050 m² mit C_m	= 0,9 + 625 m² mit C_m = 0,6 entspricht $A_{FaG} \times C_{m,FaG}$ = 1.320,00 m²
Abflusswirksame Grundstücksfläche A_u	= 2.242,50 m²
Jährlichkeit T	= 2 (nach Vorgabe des Kanalnetzbetreibers) × 10 min (Tabelle 4 des DWA-Arbeitsblatts 118)
Drosselabfluss Q_{Dr}	= 12,0 l/s (nach Vorgabe des Kanalnetzbetreibers)
Regenspenden für Bonn nach KOSTRA-DWD 2010R	$r_{(5,2)}$ = 204,4 l/(s × ha); $r_{(10,2)}$ = 159,0 l/(s × ha); $r_{(15,2)}$ = 132,5 l/(s × ha); $r_{(20,2)}$ = 114,2 l/(s × ha); $r_{(30,2)}$ = 90,2 l/(s × ha);
Zuschlagsfaktor f_Z	= 1,15

Tabelle 19: *Berechnungsbeispiel Regenrückhalteraum – Gleichung 22 (Quelle: Ishorst)*

Berechnungsbeispiel Regenrückhalteraum V_{RRR} mit Gleichung 22 der DIN 1986-100			
Regenspende 5 min	$r_{(5,2)}$	l/(s × ha)	204,4
Regenspende 10 min	$r_{(10,2)}$	l/(s × ha)	159,0
Regenspende 15 min	$r_{(15,2)}$	l/(s × ha)	132,5
Regenspende 20 min	$r_{(20,2)}$	l/(s × ha)	114,2
Regenspende 30 min	$r_{(30,2)}$	l/(s × ha)	90,2
Abflusswirksame Grundstücksfläche	A_u	m²	2.242,5
Drosselabfluss	Q_{Dr}	l/s	12,0
Regenrückhalteraum V_{RRR}			
in 5 min	V_{RRR}	**m³**	**11,67**
in 10 min	V_{RRR}	**m³**	**16,32**
in 15 min	V_{RRR}	**m³**	**18,33**
in 20 min	V_{RRR}	**m³**	**18,78**
in 30 min	V_{RRR}	**m³**	**17,03**

Ergebnisse:

Das maßgebende größte Rückhaltevolumen ***(V_{RRR})***, das sich aus den Berechnungsbeispielen für den Überflutungsnachweis nach Gleichung 20 und für die Einleitungsbeschränkung nach Gleichung 22 ergibt, beträgt 25,51 m³ (aus Gleichung 20).

Bei Anwendung der Gleichung 21 und 22 beträgt das maßgebende größte Rückhaltevolumen ***(V_{RRR})*** 18,83 m³ (aus Gleichung 21).

Überflutungsnachweis bei Versickerungsanlagen

Bezüglich der Durchführung des Überflutungsnachweises bei Versickerungsanlagen verweist die DIN 1986-100 auf das Arbeitsblatt DWA-A 138.

Eine Gleichung zum Überflutungsnachweis bei Versickerungsanlagen wurde durch die DWA-Arbeitsgruppe ES-3.1 im Jahr 2011 veröffentlicht und im Kommentar zur DIN 1986-100, 6. überarbeitete und erweiterte Auflage 2016, als Gleichung 14-23 übernommen. Es handelt sich hierbei um eine Modifizierung der Gleichung 21 der DIN 1986-100.

Praktische Regenwasserrückhaltung

Zur schadlosen Überflutung heißt es in der DIN 1986-100, Abschnitt 14.9.3, wie folgt: „Die unschädliche Überflutung kann auf der Fläche des eigenen Grundstückes, z. B. durch Hochborde oder Mulden – wenn keine Menschen, Tiere oder Sachgüter gefährdet sind – oder über andere Rückhalteräume, wie Rückhaltebecken, erfolgen, soweit die Regenwasserableitung nicht auf andere Weise sichergestellt ist.“

Die preiswerteste Lösung bei der Regenwasserrückhaltung auf Grundstücken ist erfahrungsgemäß die kontrollierte schadlose Überflutung von Außenflächen. Grundvoraussetzung ist hierbei, dass ausreichend geeignete Außenflächen zur Verfügung stehen.

Bei ebenen Flächen wird die Überflutungshöhe $\boldsymbol{h}_{ü}$ wie folgt ermittelt:

$$h_{ü} = V_{Rück}/A_{FaG} \times 100$$

Dabei ist:

$h_{ü}$	Überflutungshöhe in (cm)
$V_{Rück}$	zurückzuhaltende Regenwassermenge in (m^3)
A_{FaG}	gesamte befestigte Fläche außerhalb der Gebäude in (m^2)

Beispiel

Für eine zurückzuhaltende Regenwassermenge von 25,51 m^3 ist bei einer Außenfläche von 1.675 m^2 die Überflutungshöhe zu berechnen.

$$h_{ü} = 25{,}51\ m^3/1.675\ m^2 \times 100$$

Die Überflutungshöhe beträgt 1,5 cm.

Für symmetrisch geneigte Flächen wird zur Berechnung der Überflutungshöhe im Kommentar zur DIN 1986-100 die folgende Gleichung 14-25 angegeben:

$$h_{ü} = (V_{Rück}/L_{Rück} \times J \times 100)^{0,5}$$

Dabei ist:

$h_{ü}$	Überflutungshöhe in (cm)
$V_{Rück}$	zurückzuhaltende Regenwassermenge in (m^3)
$L_{Rück}$	Länge der symmetrisch geneigten Fläche in (m)
J	Neigung in (%) oder (cm/m)

Sofern genügend Platz vorhanden ist, sind Muldenanlagen eine kostengünstige und effektive Lösung zur schadlosen Regenrückhaltung.

Eine Möglichkeit, die in jüngster Zeit immer mehr Anwendung findet, ist die schadlose Regenrückhaltung auf Flachdächern. Diese Form der gezielten Regenrückhaltung (Retention) wird vorzugsweise bei begrünten Flachdächern praktiziert. Grundvoraussetzung für den schadlosen Betrieb ist hierbei, dass die entwässerungstechnischen und statischen Belange besondere Beachtung finden.

Bei entsprechend langen, außen liegenden Grundleitungen auf dem Grundstück kann ein Stauraumkanal die Lösung sein. Hierbei wird durch die Vergrößerung der Grundleitungsdimension Stauraum geschaffen. Beim Stauraumkanal ist für eine ausreichende Be- und Entlüftung zu sorgen. Ferner ist auf eine regelmäßige Inspektion zu achten, wobei ggf. Spülungen zur Beseitigung von Ablagerungen durch geringe Fließgeschwindigkeiten erforderlich sind.

***Bild 13:** X-Stream Stauraumkanal (WAVIN) (Quelle: WAVIN)*

Die erforderliche Länge des Stauraumkanals $\boldsymbol{L}_{Stau}$ kann mittels Gleichung 14-26 des Kommentars zur DIN 1986-100 wie folgt berechnet werden:

$L_{Stau} = V_{Rück}/A_{Kanal}$	
Dabei ist:	
L_{Stau}	erforderliche Länge des Stauraumkanals in (m)
$V_{Rück}$	zurückzuhaltende Regenwassermenge in (m^3)
A_{Kanal}	innere Querschnittfläche des Stauraumkanals in (m^2)

Weitere Möglichkeiten der unterirdischen Regenwasserrückhaltung sind z. B. Boxen-Rigolen oder Rückhaltebecken. Unterirdische Speicherbecken müssen grundsätzlich einen leistungsfähigen Notüberlauf erhalten.

***Bild 14:** Regenrückhalteraum ausgeführt mit Boxen-Rigolen (Quelle: Otto Graf GmbH)*

Drosselabfluss

Bei Einleitungsbeschränkungen durch den Kanalnetzbetreiber muss zusätzlich zum Überflutungsnachweis die Berechnung des erforderlichen Regenrückhaltevolumens V_{RRR} erfolgen. Hierzu muss der Kanalnetzbetreiber den zulässigen Drosselabfluss bzw. die Drosselabflussspende verbindlich angeben.

***Bild 15:** Regenrückhaltesystem mit dynamischer Drossel (Quelle: Otto Graf GmbH)*

Der Drosselabfluss kann z. B. über passive Drosselstrecken, Drosselschächte oder dynamische Drosseln eingestellt bzw. reguliert werden.

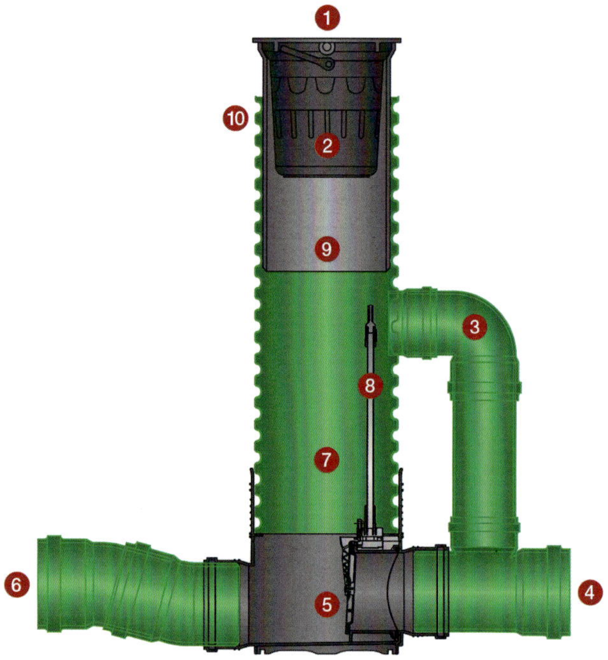

***Bild 16:** Abbildung Drosselschacht (Quelle: WAVIN)*

1 Schachtabdeckung Klasse B 125/D400
2 Feststoffsammler
3 Notüberlauf DN 160
4 Ablauf DN 160 - DN 200
5 Drosselöffnung
6 Zulauf DN 160 - DN 200
7 SX315 Green Schachtrohr
8 Aushebestange
9 Teleskopadapter
10 Dichtung

Fehlender Überflutungsnachweis

Ein fehlender Überflutungsnachweis führt häufig zur Ablehnung seitens der Behörden, z. B. zur Ablehnung des Entwässerungsantrags durch die Entwässerungsbehörde. Ferner können fehlende Überflutungsnachweise zu Komplikationen bei Versicherungsansprüchen sowie bei Haftungsfragen führen.

Versicherungstechnische Aspekte

Ordnungsgemäße Überflutungsnachweise gemäß DIN 1986-100 einschließlich der Umsetzung der entsprechenden Regenrückhaltungsmaßnahmen auf dem Grundstück beziehen sich auf Regenereignisse mit der 30-jährigen oder ggf. der 100-jährigen Regenspende vor Ort. Dies schützt allerdings nicht unbedingt vor Überschwemmungen, wie z. B. bedingt durch extreme Hochwasserereignisse. Damit der Versicherungsschutz gewährleistet ist, sollten vor Vertragsabschluss die Wahl einer geeigneten Versicherung sowie eventuelle zusätzliche Schutzmaßnahmen unbedingt zwischen dem Grundstückseigentümer und dem Versicherungsanbieter abgestimmt werden.

Betrieb und Wartung von Entwässerungsanlagen

DIN 1986, Teil 3

Im Mai 2024 erfolgte die Veröffentlichung des Weißdrucks der DIN 1986 „Entwässerungsanlagen für Gebäude und Grundstücke – Teil 3: Regeln für Betrieb und Wartung“.

Das Dokument wurde vom Arbeitsausschuss NA 119-05-02 AA „Entwässerungsanlagen für Gebäude und Grundstücke“ erarbeitet. Es dient als Hilfestellung für Eigentümer und Nutzungsberechtigte, die Grundstücksentwässerungsanlage bestimmungsgemäß zu betreiben und zu warten, damit die öffentlich-rechtlichen Vorschriften und allgemein anerkannten Regeln der Technik eingehalten werden.

Änderungen
Folgende Änderungen wurden gegenüber der DIN 1986-3, Ausgabe November 2004, vorgenommen:

a) Die Norm wurde redaktionell überarbeitet.
b) Tabelle 1 und Tabelle A.1 der DIN 1986-3, Ausgabe November 2004, wurden zu einer Tabelle 1 zusammengefasst, dabei neu strukturiert, gegliedert und an den Stand der Technik angepasst.
c) Die Angaben zu Wartungsintervallen in Tabelle 1 wurden aktualisiert.

Anforderungen

Gemäß Abschnitt 4.2 der Norm müssen der Betrieb und die Wartung der Entwässerungsanlage sicherstellen, dass die in der Muster-Verwaltungsvorschrift Technische Baubestimmungen (MVVTB) sowie in den Verwaltungsvorschriften Technische Baubestimmungen (VVTB) der Bundesländer und die in den geltenden Entwässerungsnormen enthaltenen Anforderungen erfüllt werden, wie z. B.:

- verstopfungsfreier Betrieb
- Begrenzung der Überlastungs- und Überflutungshäufigkeiten auf die bei Planung und Ausführung ausgelegten Werte
- Schutz von Gesundheit und Leben der Öffentlichkeit sowie Sicherheit der Benutzer und der Personen, die sich in Gebäuden und auf Grundstücken aufhalten
- Sicherstellung des Boden- und Gewässerschutzes
- Erreichung der vorgesehenen Nutzungsdauer und Erhaltung des baulichen Bestands
- Dichtheit der Abwasserleitungen nach den Prüfanforderungen

Durch den bestimmungsgemäßen Betrieb und die Wartung werden insbesondere folgende Ziele verfolgt:

- die ständige Betriebsbereitschaft und -fähigkeit der Entwässerungsanlage im Rahmen der gestellten normativen Anforderungen
- der umweltverträgliche und wirtschaftliche Betrieb der Entwässerungsanlage
- die Sicherstellung, dass bei Ausfall eines Anlagenteils die Betriebsfähigkeit anderer Teile so weit wie möglich nicht beeinträchtigt wird

Bei der Planung und Ausführung müssen die Anforderungen, die sich aus dem Betrieb und der Instandhaltung der Entwässerungsanlage ergeben, berücksichtigt werden.

Benutzung der Entwässerungsanlage

Nach Abschnitt 5 der DIN 1986-3 ist bei der Benutzung der Entwässerungsanlage sicherzustellen, dass in die Ablaufstellen nur die bestimmungsgemäß vorgesehenen Abwässer, wie häusliches, gewerbliches und industrielles Schmutzwasser oder Niederschlagswasser, eingeleitet werden.

In den Abschnitten 5.2.2 bis 5.2.4 werden die Abwasserarten *Häusliches Abwasser, Regenwasser und Industrielles Abwasser* (nach DIN 1986-100) definiert.

Betrieb

Im Abschnitt 6 der Norm wird darauf hingewiesen, dass Grundstücksentwässerungsanlagen nach § 60 Abs. 1 des Wasserhaushaltsgesetzes (WHG) zu errichten, zu betreiben und zu unterhalten sind.

Abwasserbehandlungsanlagen, die unter den Anwendungsbereich von § 60 Abs. 3 des WHG fallen – im Sinne von § 60 Abs. 3 Satz 1 Nr. 2 und 3 – müssen nach dem Stand der Technik, alle anderen Abwasseranlagen mindestens nach den allgemein anerkannten Regeln der Technik (a. a. R. d. T.) errichtet, betrieben und unterhalten werden.

Auf die Einhaltung der gesetzlichen Verpflichtungen nach dem WHG

- § 61 „Selbstüberwachung bei Abwassereinleitungen und Abwasseranlagen“ und
- § 62 „Anforderungen an den Umgang mit wassergefährdenden Stoffen“

wird hingewiesen.

Inbetriebnahme

Gemäß Abschnitt 7 sind dem Eigentümer durch den Anlagenersteller (SHK-Fachbetrieb) einer Entwässerungsanlage ein Bestandsplan, ein Dichtheitsnachweis nach DIN EN 1610 sowie die Bedienungs- und Wartungsanleitungen (siehe z. B. ZVSHK-Betriebsanleitung Entwässerungsanlagen) zu übergeben.

Der Eigentümer muss zur Erfüllung seiner Obliegenheiten und Sorgfaltspflichten in die Bedienung der Entwässerungsanlage eingewiesen und mit ihrer Betriebsweise vertraut gemacht werden (siehe hierzu DIN EN 12056-5).

Im Besonderen muss auf Anlagenteile hingewiesen werden, bei denen die dauerhafte Funktion nur sichergestellt ist, wenn regelmäßige Inspektionen und Wartungen durchgeführt werden, wie z. B. Rückstauverschlüsse, Abscheideranlagen oder Dach- und Notabläufe.

Für Anlagenteile, die einer Erstinspektion unterzogen werden müssen, wie beispielsweise Abscheideranlagen für Fette, muss ein entsprechender Nachweis vorgelegt werden.

Es sollte ein Inbetriebnahme- und Einweisungsprotokoll angefertigt werden. Ein entsprechendes Muster befindet sich im Anhang A der Norm.

Inspektion und Wartung

Inspektion und Wartung sind nach DIN EN 13306 „Instandhaltung – Begriffe der Instandhaltung“ Teilaspekte der präventiven Instandhaltung, die nach DIN 31051 „Grundlagen der Instandhaltung“ die Begrifflichkeiten Inspektion, Wartung, Instandsetzung und Verbesserung umfasst.

Die **Inspektion** dient der Feststellung und Beurteilung des Ist-Zustands einer Betrachtungseinheit einschließlich der Bestimmung der Ursachen der Abnutzung und der Festlegung der notwendigen Konsequenzen für eine künftige Nutzung.

Durch die regelmäßige **Wartung** wird eine Verzögerung des Abbaus des vorhandenen Abnutzungsvorrats (Restlebensdauer) erreicht.

Die **Instandsetzung** als Folge der Prüfergebnisse aus Wartung und Inspektion dient der Rückführung in den funktionsfähigen Zustand, mit Ausnahme von Verbesserungen.

Maßnahmen zur **Verbesserung** von Entwässerungsanlagen gehen über den Anwendungsbereich dieser Norm hinaus.

Zusätzliche Maßnahmen können in den jeweiligen Fachnormen gefordert werden.

Anforderungen an die Ausführenden

Nach Abschnitt 8.2 der Norm müssen die Arbeiten durch qualifizierte Personen durchgeführt werden. Je nach Art der Tätigkeit und dem Anlagentyp werden Sachkundige, Fachkundige und eingewiesene Personen unterschieden.

Sachkundige

Als „sachkundig“ werden gemäß Abschnitt 8.2.1 Personen des Betreibers oder beauftragter Dritter angesehen, die aufgrund der in ihrer Ausbildung, ihrer Kenntnisse und ihrer praktischen Tätigkeit gewonnenen Erfahrungen sicherstellen, dass sie Bewertungen oder Prüfungen im jeweiligen Sachgebiet sachgerecht durchführen können.

Eine sachkundige Person kann die Sachkunde für bestimmte Inspektions- und Funktionsprüfungen sowie Kontrollen von z. B. Abscheideranlagen oder Rückstausicherungsanlagen bei entsprechenden Lehrgängen erwerben.

Fachkundige

Nach Abschnitt 8.2.2 sind „Fachkundige Personen“ Mitarbeiter betreiberunabhängiger Betriebe, Sachverständige oder sonstige Institutionen, die nachweislich über die erforderlichen Fachkenntnisse für Betrieb, Wartung und Überprüfung im hier genannten Umfang sowie die gerätetechnische Ausstattung zur Prüfung der Abwasseranlage verfügen.

Eingewiesene Personen

Inspektionen dürfen gemäß Abschnitt 8.2.3 der Norm von eingewiesenen Personen des Betreibers vorgenommen werden. Voraussetzung ist, dass diese Person vom Fachpersonal des ausführenden Fachbetriebs der Anlage entsprechend an der eigenen Anlage eingewiesen wurde.

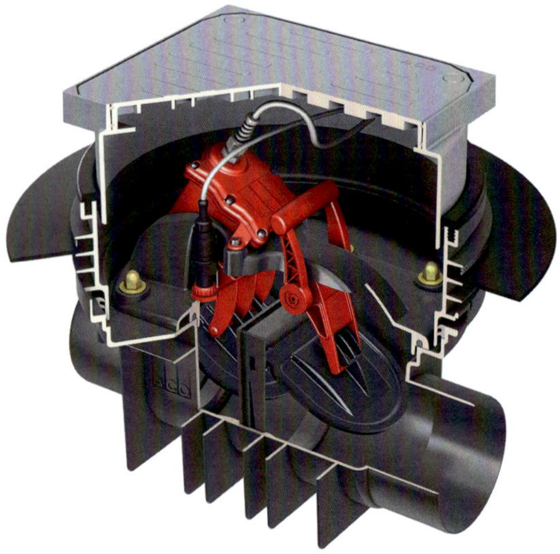

Bild 1: *Vollautomatischer Fäkalien-Rückstauautomat Quatrix für fäkalienhaltiges Abwasser nach DIN EN 13564, Typ 3 (Quelle: ACO Passavant GmbH)*

Anforderungen an Inspektion und Wartung

Nach Abschnitt 8.3 müssen zum Funktionserhalt einer Entwässerungsanlage an allen Anlagenteilen ausreichend Inspektionen und Wartungen durchgeführt werden.

In Tabelle 1 sind die erforderlichen Inspektionen, Wartungen, Maßnahmen und Zeitspannen für die wesentlichen 30 Entwässerungsbauteile bzw. Entwässerungsanlagen aufgeführt. Die Anforderungen gelten als erfüllt, wenn die Maßnahmen nach Tabelle 1 durchgeführt werden. Die genannten Zeitabstände sowie die auszuführenden Arbeiten stellen nur Mindestanforderungen dar.

Darüber hinaus dürfen Hersteller zusätzliche Maßnahmen fordern, wenn diese nachweislich zur sicheren Funktion der Entwässerungsanlage erforderlich sind.

Tabelle 1: *In Anlehnung an „Tabelle 1 der DIN 1986, Teil 3 — Inspektions- und Wartungsmaßnahmen" (Quelle: Ishorst)*

Inspektions- und Wartungsmaßnahmen			
Anlagenteil	**Maßnahme**	**Durchführung**	**Zeitspanne**
Dachabläufe (gedrosselt und nicht gedrosselt) und Notüberläufe	Inspektion	Prüfen auf ungehinderten Ein- und Ablauf auch der Notüberläufe. Reinigung der Schmutzfänge und Einlaufroste.	6 Monate, insbesondere im Herbst,
	Wartung	Funktionskontrolle der Beheizung. Bei Dachabläufen für das Druckentwässerungssystem ist auf korrekten Sitz der Funktionsteile zu achten. Bei gedrosselten Abläufen ist zusätzlich die Funktionsfähigkeit des Drosseleinsatzes zu überprüfen.	bei gedrosselten Dachabläufen 3 Monate
Rückstauverschlüsse nach DIN EN 13564-1	Inspektion	Prüfen der Funktionsfähigkeit des Betriebsverschlusses. Betätigen des Notverschlusses durch Schließen und Öffnen.	1 Monat
	Wartung	Folgende Arbeiten sind auszuführen: a) Entfernen von Schmutz und Ablagerungen b) Prüfen von Dichtungen und Dichtflächen auf einwandfreien Zustand, Austausch schadhafter Dichtungen c) Kontrolle der Mechanik der beweglichen Abdichtorgane, ggf. Nachfetten d) Feststellen der Dichtheit der Betriebsverschlüsse nach DIN EN 13564-2 Rückstauverschlüsse nach DIN EN 13564-1, Typ 3, sind von fachkundigem Personal zu prüfen und zu warten. Die anderen Rückstauverschlusstypen sind von sachkundigen Personen zu prüfen.	6 Monate

Zur besseren Übersichtlichkeit ist die Tabelle 1 in der Norm wie folgt gegliedert:

- A.1 bis A.7: Entwässerungsgegenstände
- B.1 bis B.9: Leitungen und Zubehör
- C.1 bis C.2: Rückstausicherung
- D.1 bis D.8: Abwassersammlung und -behandlung
- E.1 bis E.4: Weitere Entwässerungsanlagen

Bild 2: *Wartungsarbeiten an Abwasserhebeanlage (Quelle: PENTAIR)*

Zugänglichkeit von Anlagenteilen

Nach Abschnitt 8.4 muss die Zugänglichkeit zu Anlagenteilen, die selbst der regelmäßigen Wartung bedürfen oder für eine Wartung erforderlich sind, jederzeit sichergestellt sein. Wenn erforderlich, muss die freie Zufahrt möglich sein.

Alle Bedienungselemente müssen problemlos zu betätigen sein.

Bild 3: *Innen liegende Rinne mit Rinnenheizung bei Wartungsarbeiten (Quelle: BAUMETALL/Buck)*

Wartungsvertrag

Im Abschnitt 10 der Norm wird den Anlagenbesitzern empfohlen, für die regelmäßig durchzuführenden Wartungsarbeiten einen Vertrag, z. B. nach dem Musterwartungsvertrag des ZVSHK, mit einem SHK-Fachbetrieb abzuschließen.

Eventuelle zusätzliche Herstellervorgaben sind entsprechend zu berücksichtigen.

Versicherungsrechtliche Aspekte

Insbesondere in den Bereichen Rückstausicherung und Regenentwässerung sind versicherungsrechtliche Regelungen von besonderer Bedeutung. Zur Absicherung im Schadensfall, z. B. bei einem Starkregenereignis, ist erfahrungsgemäß der Abschluss einer Elementarversicherung eine sichere Wahl. Allerdings reicht z. B. der Einbau einer Rückstausicherung (Rückstauverschluss bzw. Abwasserhebeanlage) alleine nicht aus, sondern die Rückstausicherung bedarf regelmäßiger Inspektion und Wartung, damit sie im Ernstfall auch funktioniert (Wartungsobliegenheit des Versicherungsnehmers). Die sicherste Lösung ist hierbei die regelmäßige Inspektion und Wartung nach den Vorgaben der DIN 1986-3, einschließlich schriftlicher Dokumentation, damit die öffentlich-rechtlichen Vorschriften und allgemein anerkannten Regeln der Technik eingehalten werden.

Dezentrale Regenwasserversickerung und Einleitung von Niederschlagswasser in ortsnahe Oberflächengewässer

Grundlagen zur dezentralen Regenwasserversickerung

Die Einleitung von Niederschlagswasser in das öffentliche Kanalnetz ist oftmals nicht mehr möglich, da durch die zunehmende Versiegelung von Landschaften durch Bebauung mittlerweile vielerorts die öffentlichen Kanalsysteme überlastet sind. Der kostenintensive Neubau oder die Erweiterung der öffentlichen Kanäle wäre die Folge, kann aber von den Kommunen und Gebietskörperschaften oftmals nicht geleistet werden. Zur Lösung des Problems wird zunehmend die Regenwasserbewirtschaftung auf Grundstücken gefordert.

Bei der wassersensitiven Zukunftsstadt wird der natürliche Wasserkreislauf mehr Berücksichtigung finden. Hierzu soll das Niederschlagswasser bevorzugt direkt vor Ort versickert oder verdunstet werden.

***Bild 1:** Dezentrale Regenwasserversickerung (Quelle: Otto Graf GmbH)*

Geltende Regelwerke

Für die Planung und Bemessung sowie den Bau und Betrieb von Versickerungsanlagen gelten folgende Regelwerke:

- Arbeitsblatt DWA-A 138-1 „Anlagen zur Versickerung von Niederschlagswasser – Planung, Bau und Betrieb", Ausgabe Oktober 2024
- Arbeitsblatt DWA-A 117 „Bemessung von Regenrückhalteräumen", Ausgabe Dezember 2013
- DIN 1986-100 „Entwässerungsanlagen für Gebäude und Grundstücke – Bestimmungen in Verbindung mit DIN EN 752 und DIN EN 12056", Ausgabe Dezember 2016
- DIN EN 752 „Entwässerungssysteme außerhalb von Gebäuden – Kanalmanagement", Ausgabe Juli 2017

DWA-Arbeitsblatt A 138-1

Durch die Deutsche Vereinigung für Wasserwirtschaft, Abwasser und Abfall e. V. erschien im Oktober 2024 das DWA-Arbeitsblatt A 138-1 „Anlagen zur Versickerung von Niederschlagswasser – Planung, Bau, Betrieb". Aufgrund neuester Erkenntnisse aus Forschung und Praxis musste das DWA-Arbeitsblatt A 138 (Stand 2005) grundlegend überarbeitet werden.

Der Anwendungsbereich des DWA-Arbeitsblatts A 138-1 umfasst die Versickerung von Niederschlagswasser im Sinne des Abwasserbegriffs gem. § 51 Wasserhaushaltsgesetz (WHG), das heißt Wasser, das von Niederschlägen aus dem Bereich von befestigten oder bebauten Flächen gesammelt abgeleitet wird.

Das Arbeitsblatt beschreibt die Entwässerungssituation innerhalb von Siedlungsgebieten. Für die Entwässerungssituation außerhalb von Siedlungsgebieten wird auf weiterführende Regelwerke verwiesen.

Versickerungsverfahren

Die prinzipiellen technischen Lösungen zur Versickerung von Niederschlagswasser auf Grundstücken (dezentrale Versickerung) sind:

Flächenversickerung

Bei der Flächenversickerung wird das anfallende Niederschlagswasser von befestigten Flächen direkt ohne Zwischenspeicherung auf benachbarte Flächen (i. d. R. begrünte bzw. teildurchlässige befestigte Flächen) zur Versickerung abgeleitet. Die Flächenversickerung findet ohne wesentlichen Aufstau statt und kommt der natürlichen Versickerung am nächsten.

Muldenversickerung

Bei der Muldenversickerung werden die Oberflächenabflüsse nach kurzfristiger Speicherung über eine flächig bewachsene Bodenzone versickert. Die Einstauhöhe des Wassers in der Mulde ist i. d. R. auf 0,3 m zu begrenzen.

Rigolenversickerung

Die Rigolenversickerung wird i. A. eingesetzt, wenn die zur Verfügung stehende Fläche für eine Muldenversickerung nicht ausreicht. Das Niederschlagswasser wird der Rigole über eine vorgeschaltete Behandlungsanlage zugeführt.

Bei den Bauweisen unterscheidet man in Rigolen aus Fertigteilen (z. B. aus Kunststoff) oder Rigolen aus Schüttmaterial mit hoher Speicherfähigkeit (z. B. Kies) mit eingebetteten Dränagerohren. Die Verteilung des Regenwassers innerhalb der Rigole erfolgt durch die Dränagerohre mit profilierter Außenfläche und Wasseraustrittsöffnungen.

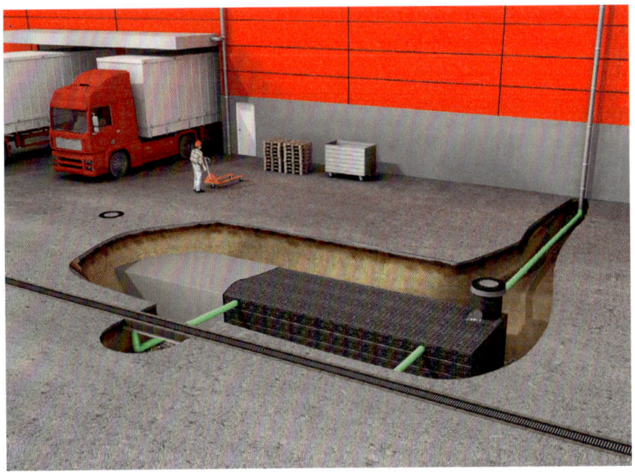

Bild 2: *Rigolenversickerung mit Fertigteilen aus Kunststoff (Quelle: Otto Graf GmbH)*

Mulden-Rigolen-Element

Ein Mulden-Rigolen-Element besteht aus einer Versickerungsmulde und einer darunter angeordneten Rigole, mit jeweils eigenständigen Füll- und Entleerungsprozessen. Mulden-Rigolen-Elemente verfügen i. d. R. über eine hohe Speicherkapazität (Mulde plus Rigole) und sind dadurch besonders gut bei geringer Wasserdurchlässigkeit des Bodens oder geringem Platzangebot einsetzbar.

Mulden-Rigolen-System

Bei einem Mulden-Rigolen-System handelt es sich um ein Mulden-Rigolen-Element, bei dem ein Teil des in der Rigole gespeicherten Regenwassers über einen Schacht mit Drossel in ein nachfolgendes System abgeleitet wird.

Versickerungsschacht

Im Versickerungsschacht wird das Niederschlagswasser zwischengespeichert und verzögert in den Untergrund abgeleitet. Das Wasser sollte dem Schacht stets über eine vorgeschaltete Behandlungsanlage zugeführt werden.

Bei den Bauarten der Schächte unterscheidet man grundsätzlich in Typ A (Schachtringe mit seitlichen Austrittsöffnungen) und Typ B (Entleerung des Speichervolumens erfolgt vollständig durch die Filterschicht im Sohlebereich).

Versickerungsschächte eignen sich besonders für kleine abflusswirksame Flächen, wie z. B. für Grundstücke von Ein- und Zweifamilienhäusern.

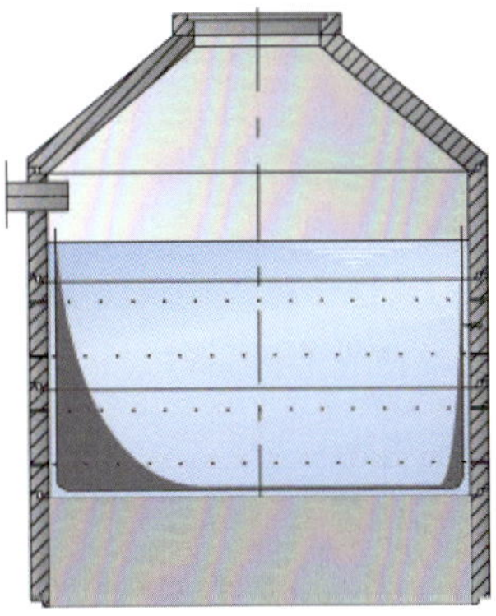

Bild 3: *Versickerungsschacht Typ A (Quelle: Mall GmbH)*

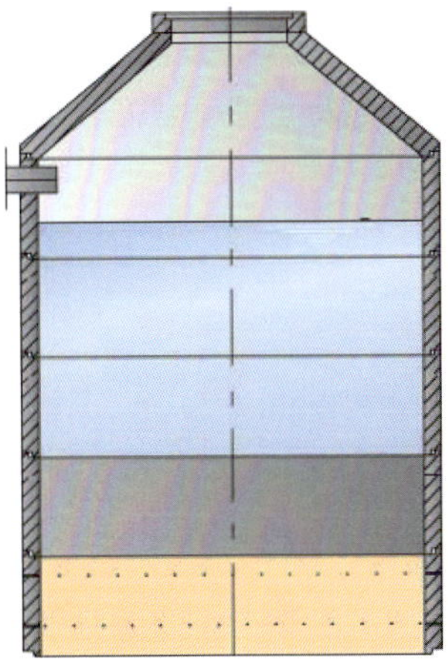

Bild 4: *Versickerungsschacht Typ B (Quelle: Mall GmbH)*

Bewertung der Niederschlagsabflüsse

Im Abschnitt 5.2.2 des DWA-Arbeitsblatts A 138-1 wird die Bewertung der Niederschlagsabflüsse näher erläutert. Niederschlagswasser wird primär durch atmosphärische Verunreinigungen belastet. Eine zusätzliche Belastung erfolgt durch den Kontakt mit stofflich verunreinigten Flächen, wie beispielsweise Dach- oder Verkehrsflächen. Das auf Flächen gesammelte Niederschlagswasser kann in unterschiedlichsten Konzentrationen mit Schwermetallen oder organischen Stoffen belastet sein. In den Wintermonaten können hohe Konzentrationen an Chlorid aus Tausalzen entstehen. Die Höhe der Belastungen hängt überwiegend von ortsspezifischen sowie klimatischen Bedingungen ab.

Die Bewertung der Belastung und der daraus resultierenden Behandlungsmaßnahmen von Niederschlagswasser erfolgt auf der Grundlage allgemeiner Kenntnisse zum jeweiligen Stoffaufkommen der unterschiedlichen Flächentypen, vorrangig in Bezug auf den Referenzparameter **AFS63**.

Der Referenzparameter **AFS63 (Abfiltrierbare Stoffe)** bezieht sich auf den Feinanteil der Feststoffe von **45 bis 63 µm**, wodurch die stoffliche Belastung von Niederschlagswasser und der daraus resultierenden langfristigen Wirkungen in Grund- und Oberflächengewässern angemessen abgebildet wird. Hierzu wird eine Kategorisierung der Niederschlagswasserabflüsse von bebauten und befestigten Flächen in der Tabelle 5 vorgenommen. Man unterscheidet folgende drei Belastungskategorien:

- Belastungskategorie I (gering belastetes Niederschlagswasser);
- Belastungskategorie II (mäßig belastetes Niederschlagswasser);
- Belastungskategorie III (stark belastetes Niederschlagswasser).

Gemäß Tabelle 5 des DWA-A 138-1 ergibt sich beispielsweise für Dächer mit einer Fläche bis 50 m^2 die Belastungskategorie I (gering belastetes Niederschlagswasser).

Die Flächenkategorisierung beruht hauptsächlich auf der Flächennutzung und dem Risiko möglicher Havarien. Von der Kategorisierung kann in begründeten Einzelfällen abgewichen werden.

Zur Vermeidung erhöhter stofflicher Belastungen sollten Baustoffe bzw. Bauprodukte eingesetzt werden, die möglichst geringe Emissionen verursachen.

Reinigungsanforderungen

In den Abschnitten 5.2.3.2 „Versickerung über bewachsene Bodenzone“ und 5.2.3.3 „Dezentrale Behandlungsanlagen“ des DWA-Arbeitsblatts A 138-1 werden die Anforderungen für Behandlungsmaßnahmen des Niederschlagswassers definiert. Diese basieren auf den Prüfwerten der „BBodschV – Bundes-Bodenschutz- und Altlastenverordnung“, die nach dem Passieren der bewachsenen Bodenzone oder der dezentralen Behandlungsanlage erfüllt werden. Ferner sind bei der Schädlichkeit des Niederschlagswassers die „Geringfügigkeitsschwellenwerte für das Grundwasser“ gemäß LAWA 2017 der Bund-/Länderarbeitsgemeinschaft Wasser berücksichtigt.

Gemäß Abschnitt 5.2.3.2 gilt die Versickerung über die bewachsene Bodenzone – z. B. bei Mulden – grundsätzlich als Behandlungsmaßnahme. Hierzu werden zur Sicherstellung der Behandlung des Niederschlagswassers und der Versickerungsleistung Mindestanforderungen in der Tabelle 6 gestellt. Die entscheidenden Faktoren sind hierbei die jeweilige Flächenkategorie (I, II oder III) der bebauten bzw. befestigten Flächen, die Mindestmächtigkeit (Dicke) und die Höhe der Flächenbelastung der bewachsenen Bodenzone.

Gemäß Tabelle 6 des DWA-A 138-1 richten sich beispielsweise bei Dächern mit der Belastungskategorie I die Behandlungsanforderungen nach den rechtlichen Anforderungen oder müssen ggf. mit der zuständigen Behörde abgestimmt werden.

Ferner werden im Abschnitt 5.2.3.2 noch Anforderungen für besondere Einzelfälle bei der Versickerung über die bewachsene Bodenzone gestellt; ggf. sind diese mit der zuständigen Behörde abzustimmen.

Für dezentrale Behandlungsanlagen sind im Abschnitt 5.2.3.3 die wichtigsten Vorgaben definiert. Hierzu werden in der Tabelle 7 „Anforderungen an die dezentrale Niederschlagswasserbehandlung vor Versickerung über unterirdische Versickerungsanlagen (Rigolen, Sickerschächte)“ gestellt. Entscheidende Faktoren sind hierbei die jeweilige Flächenkategorie (I, II oder III) sowie der Gesamtwirkungsgrad der dezentralen Behandlungsanlage.

Gemäß Tabelle 7 des DWA-A 138-1 richten sich beispielsweise bei Dächern mit der Belastungskategorie I die Behandlungsanforderungen nach den rechtlichen Anforderungen oder müssen ggf. mit der zuständigen Behörde abgestimmt werden.

Bei Anlagen mit bauaufsichtlicher Zulassung – z. B. durch das Deutsche Institut für Bautechnik, Berlin (DIBt) – müssen die im Zulassungsverfahren festgelegten Vorgaben unbedingt beachtet werden. Ein wesentlicher Bestandteil beim Zulassungsverfahren ist die Festlegung der Reinigungsleistung der Behandlungsanlage. Vom Hersteller der Anlage ist dem Betreiber sowie der Genehmigungsbehörde eine Konformitätsbescheinigung bezüglich Baugleichheit und Einbau gemäß der bauaufsichtlichen Zulassung auszuhändigen.

Zur Verwendung von Anlagen ohne bauaufsichtliche Zulassung kann die Beurteilung der Reinigungsleistung – im Rahmen einer mit der DIBt-Zulassung vergleichbaren Prüfung – durch eine von der zuständigen Wasserbehörde zugelassene Prüfstelle durchgeführt werden.

Generell sollten Anforderungen für besondere Einzelfälle, die nicht im Abschnitt 5.2.3.3 erfasst sind, mit der zuständigen Wasserbehörde abgestimmt werden.

Hydrogeologische Gegebenheiten

Im DWA – Arbeitsblatt A 138-1, Abschnitt 5.3.1, werden die „Hydrogeologischen Gegebenheiten" beschrieben. Bereits im Vorfeld der Planung einer Regenwasserversickerung auf einem Grundstück sollte in jedem Fall eine **hydrogeologische Untersuchung vor Ort** durchgeführt werden. Durch Geländeuntersuchungen und Grundwasserstands-Messungen werden die zur Regenwasserversickerung erforderlichen Daten ermittelt. Im hydrogeologischen Gutachten werden dann detailliert die Boden- und Grundwasserverhältnisse beschrieben.

Die wichtigsten Kenndaten sind hierbei:

- die Tiefenlage des Grundwasserspiegels sowie dessen Schwankungsbreite
- die Wasserdurchlässigkeit des Bodens (Durchlässigkeitsbeiwert $\boldsymbol{k_f}$ in m/s)

Der Abstand der Sohle der Versickerungsanlage zum mittleren höchsten Grundwasserstand **(MHGW)** sollte mindestens 1,0 m betragen. In Ausnahmefällen kann der Abstand bei geringer stofflicher Belastung der Niederschlagsabflüsse nach Abstimmung mit der Genehmigungsbehörde auch weniger als 1,0 m betragen.

Bei der Regenwasserversickerung liegen die Durchlässigkeitsbeiwerte (***k_f-Werte***) i. d. R. in einem Bereich von 10^{-3} m/s bis 10^{-6} m/s. Besonders geeignete Bodenarten sind z. B. sandiger Kies, sandiger Schluff sowie Grob-, Mittel- und Feinsande.

Tabelle 1: *Durchlässigkeitsbereiche nach DIN 18130-1 (Quelle: Ishorst)*

k_f-Wert in m/s	Bereich
unter 10^{-8}	sehr schwach durchlässig
10^{-8} bis 10^{-6}	schwach durchlässig
10^{-6} bis 10^{-4}	durchlässig
10^{-4} bis 10^{-2}	stark durchlässig
über 10^{-2}	sehr stark durchlässig

Bei $\boldsymbol{k_f}$-Werten größer als 10^{-3} m/s besteht die Gefahr, dass bei geringen Grundwasserständen das Niederschlagswasser dem Grundwasser zu schnell zufließt. Dadurch ist eine ausreichende Aufenthaltszeit, die zur Reinigung durch chemische und biologische Vorgänge erforderlich ist, nicht mehr gegeben.

Abstand zu Gebäuden und Grenzen

Im Abschnitt 5.3.2 des DWA-Arbeitsblatts werden einige grundsätzliche Maßnahmen zum Abstand von Versickerungsanlagen zu Gebäuden und Grenzen beschrieben. Durch Versickerungsanlagen dürfen keine Schäden an Gebäuden und Anlagen entstehen. Für die Mindestabstände zu Gebäuden sind die Art und Tiefe der Unterkellerung sowie die Lage der Grundwasseroberfläche von entscheidender Bedeutung. Bei Gebäuden ohne wasserdruckhaltende Abdichtung sollten Versickerungsanlagen nicht in Verfüllungsbereichen in Gebäudenähe – z. B. in Baugruben – angeordnet werden.

Der Abstand zur Grundstücksgrenze hängt insbesondere von der Art der Versickerungsanlage sowie der Hydrogeologie und Topografie vor Ort ab, und ist so zu bestimmen, dass eine Beeinträchtigung des Nachbargrundstücks einschließlich deren Bebauung ausgeschlossen werden kann.

Im Bereich von Versickerungsanlagen sollten Einbauten grundsätzlich vermieden werden. Einbauten können die Versickerungsleistung in starkem Maße beeinflussen.

Bau und Betrieb von Versickerungsanlagen

Bau von Versickerungsanlagen

Im Abschnitt 7 des DWA-Arbeitsblatts A 138 befinden sich die wichtigsten Vorgaben zur Bauausführung, Bauvorbereitung und Baustellenorganisation für den Bau von Versickerungsanlagen. Für komplexere Versickerungsanlagen wird eine Fachbauleitung empfohlen.

Bei den Erdarbeiten muss darauf geachtet werden, dass im Zusammenhang mit dem Bau von Versickerungsanlagen unbedingt alle erforderlichen Schutzmaßnahmen zur Vermeidung einer Bodenverdichtung und zur Aufrechterhaltung der Wasserdurchlässigkeit des Untergrunds getroffen werden.

Die Anforderungen zur Begrünung – z. B. von Mulden – sowie der Fertigstellungspflege von Versickerungsanlagen müssen beachtet werden.

Bild 5: *Baustelle Versickerungsanlage (Quelle: Otto Graf GmbH)*

Betrieb von Versickerungsanlagen

Wichtige Vorgaben zum ordnungsgemäßen Betrieb von Versickerungsanlagen befinden sich im Abschnitt 8 des DWA-Arbeitsblatts A 138.

Versickerungsanlagen sind regelmäßig zu überwachen, zu pflegen, zu warten und instand zu halten.

Ferner wird auf die Erstellung eines Betriebshandbuchs hingewiesen. Im Betriebshandbuch sollten folgende wichtige Daten bzw. Nachweise zur Versickerungsanlage dokumentiert werden:

- Angaben zur Versickerungsfähigkeit des Bodens sowie weitere wichtige Aspekte zum Untergrund (aus hydrogeologischem Gutachten)
- Bemessung der gesamten Niederschlagswasserableitung einschließlich der Versickerungsanlage
- Wasserrechtsantrag
- wasserrechtliche Erlaubnis
- komplette Bestandspläne der Niederschlagswasserableitung einschließlich der Versickerungsanlage

Das Betriebshandbuch ist dem Betreiber der Versickerungsanlage und – falls gefordert – der zuständigen Wasserbehörde zu übergeben.

Rechtliche Grundlagen

Im Bereich der Versickerung von Niederschlagswasser gelten verschiedene boden-, wasser- und planungsrechtliche Regelungen. Zu den wichtigsten rechtlichen Grundlagen für die Planung, den Bau und Betrieb von Versickerungsanlagen zählt geltendes EU-, Bundes-, Landes- und kommunales Satzungs-Recht.

Niederschlagswasser wird juristisch als Abwasser eingestuft. Somit handelt es sich bei Versickerungsanlagen – einschließlich der zugehörigen Behandlungsanlagen – um Abwasseranlagen.

Im Wasserhaushaltsgesetz (WHG) heißt es zu Abwasseranlagen unter § 60 Abs. 1 wie folgt: *„Abwasseranlagen sind so zu errichten, zu betreiben und zu unterhalten, dass die Anforderungen an die Abwasserbeseitigung eingehalten werden. Abwasseranlagen müssen nach den allgemein anerkannten Regeln der Technik errichtet, betrieben und unterhalten werden."*

In der Praxis sind die rechtlichen Anforderungen an Versickerungsanlagen vor Ort i. d. R. im jeweiligen Landeswassergesetz, den kommunalen Abwassersatzungen sowie den Merkblättern der Umweltschutzämter verankert.

Bemessung von dezentralen Versickerungsanlagen

Die Bemessung von Versickerungsanlagen basiert auf den Bemessungsverfahren des Arbeitsblatts DWA-A 117 „Bemessung von Regenrückhalteräumen“, Ausgabe Dezember 2013. Danach können folgende Verfahren angewendet werden:

- ein einfaches Bemessungsverfahren, basierend auf statistischen Niederschlagsauswertungen **(Einfaches Verfahren)**, oder
- der Nachweis der Leistungsfähigkeit mittels Niederschlag-Abfluss-Langzeitsimulation **(Nachweisverfahren)**

Beim einfachen Verfahren gelten nach DWA-Arbeitsblatt A 117 in Übereinstimmung mit DIN EN 752 „Entwässerungssysteme außerhalb von Gebäuden – Kanalmanagement“, Ausgabe Juli 2017, und unter Berücksichtigung technischer und wirtschaftlicher Aspekte für das gesamte Einzugsgebiet (Grundstück) bis zur Versickerungsanlage die folgenden Randbedingungen:

- Das Einzugsgebiet $\boldsymbol{A_E}$ weist eine Fläche von maximal 200 ha auf oder die Fließzeit bis zum Becken beträgt maximal 15 min.
- Die gewählte bzw. zulässige Überschreitungshäufigkeit des Speichervolumens beträgt $\boldsymbol{T_n} \leq 10$ Jahre.
- Die spezifische Versickerungsrate, bezogen auf $\boldsymbol{A_u}$, ist $\boldsymbol{q_S} \geq 2$ l/(s × ha).
- Die Regenhäufigkeit wird mit der Bemessungshäufigkeit gleichgesetzt.

Für die Bemessung von dezentralen Versickerungsanlagen kann somit i. d. R. das einfache Verfahren angewendet werden.

Die Berechnung der Zuflüsse zu Versickerungsanlagen beim einfachen Verfahren wird im Abschnitt 5.3.3.5 des DWA-Arbeitsblatts A 138-1 „Anlagen zur Versickerung von Niederschlagswasser – Planung, Bau, Betrieb“, Ausgabe Oktober 2024, beschrieben. Hierbei muss zunächst der Rechenwert für ***AC*** nach folgender Gleichung 2 ermittelt werden:

$$AC = \Sigma\,(A_{E,b,a,i} \times C_i) + \Sigma\,(A_{E,nb,a,i} \times C_i)$$

Dabei ist:

AC	Summe aller an die Versickerungsanlage angeschlossenen Teilflächen, multipliziert mit dem jeweils zugehörigen Abflussbeiwert (m²)
$A_{E,b,a,i}$	angeschlossene befestigte Teilfläche (m²)
$A_{E,nb,a,i}$	angeschlossene nicht befestigte Teilfläche (m²)
C_i	Abflussbeiwert der Teilfläche

In der Tabelle 9 des DWA-Arbeitsblatts A 138-1 sind **mittlere Abflussbeiwerte $\boldsymbol{C_m}$** und Spitzenabflussbeiwerte $\boldsymbol{C_s}$ aufgeführt. Diese korrespondieren mit der DIN 1986-100 „Entwässerungsanlagen für Gebäude und Grundstücke“, Ausgabe Dezember 2016.

Berechnungsbeispiel 1

Gegeben:

$A_{E,b,a,i}$	400 m² Dachfläche mit Extensivbegrünung < 10 cm Aufbaudicke und Dachneigung < 5° mit einem mittleren Abflussbeiwert $C_{m,i}$ von 0,3
$A_{E,nb,a,i}$	200 m² Parkfläche mit Rasengittersteinen für häufige Verkehrsbelastung mit einem mittleren Abflussbeiwert $C_{m,i}$ von 0,2

Gesucht:	AC = Summe aller an die Versickerungsanlage angeschlossenen Teilflächen, multipliziert mit dem jeweils zugehörigen mittleren Abflussbeiwert in m²
Gleichung:	$AC = \Sigma\,(A_{E,b,a,i} \times C_i) + \Sigma\,(A_{E,nb,a,i} \times C_i)$
Lösung:	$AC = (400\ m^2 \times 0{,}3) + (200\ m^2 \times 0{,}2)$
Ergebnis:	$AC = 160\ m^2$

Der **Zufluss zur Versickerungsanlage $\boldsymbol{Q_{zu}}$** wird nach folgender Gleichung 3 ermittelt:

$$Q_{zu} = r_{D(n)} \times (AC + A_{VA}) \times 10^{-4}$$

Dabei ist:

Q_{zu}	der Zufluss zur Versickerungsanlage während der Dauerstufe D in (l/s)
$r_{D(n)}$	die Regenspende der Dauerstufe D und Wiederkehrzeit n in l/(s × ha)
A_{va}	die überregnete Fläche einer oberirdischen Versickerungsanlage in (m²)
AC	Rechenwert für die Bemessung der sich aus der Summe aller an die Versickerungsanlage angeschlossenen Teilflächen, multipliziert mit dem jeweils zugehörigen mittleren Abflussbeiwert C_m, ergibt in (m²)

Die Ermittlung der Regenspenden $\boldsymbol{r_{D(n)}}$ vor Ort muss über **KOSTRA-DWD 2020** erfolgen.

Berechnungsbeispiel 2

Gegeben:

$r_{D(n)}$	Regenspende $r_{10,5}$ = 208,5 l/(s × ha) für Bonn
A_C	angeschlossene abflusswirksame Fläche insgesamt = 650 m^2
A_{VA}	überregnete Fläche der Versickerungsanlage = 100 m^2

Gesucht: Q_{zu} = der Zufluss zur Versickerungsanlage in (l/s)

Gleichung: $Q_{zu} = r_{D(n)} \times (AC + A_{VA}) \times 10^{-4}$

Lösung: Q_{zu} = 208,5 l/(s × ha) × (650,00 m^2 + 100,00 m^2) × 10^{-4}

Ergebnis: Q_{zu} = 15,64 l/s

Die Vorgehensweise zur Berechnung der Versickerungsleistung wird im Abschnitt 5.3.3.6 des Arbeitsblatts DWA-A 138-1 erläutert. Zur Ermittlung der Versickerungsleistung gilt folgende Gleichung 4:

$$Q_S = k_i \times A_S \times 10^3$$

Dabei ist:

Q_S	Versickerungsrate in (l/s)
A_S	erforderliche Versickerungsfläche in (m^2) (anlagenspezifisch)
k_i	bemessungsrelevante Infiltrationsrate nach Gleichung 5 in (m/s)

Die bemessungsrelevante Infiltrationsrate $\boldsymbol{k_i}$ in m/s ergibt sich aus der Multiplikation des ermittelten Durchlässigkeitsbeiwerts des Bodens ***k*** (i. d. R. $\boldsymbol{k_f}$-Wert aus dem hydrogeologischen Gutachten) in m/s und dem resultierenden Korrekturfaktor für die Wasserdurchlässigkeit $\boldsymbol{f_k}$ gemäß Gleichung 5.

$$k_i = k \times f_k$$

Der resultierende Korrekturfaktor $\boldsymbol{f_k}$ wird nach folgender Gleichung 6 berechnet:

$$f_k = f_{Ort} \times f_{Methode} \leq 1$$

Dabei ist:

f_{Ort}	Korrekturfaktor zum Kenntnisstand der Variabilität der Bodenverhältnisse sowie der Anzahl der durchgeführten Versuche/Probenahmen vor Ort nach Tabelle 10 des DWA-A 138-1
$F_{Methode}$	Korrekturfaktor für die Bestimmungsmethode (methodenspezifische Unsicherheiten der Ergebnisse durch unterschiedliche Versuchsverfahren) nach Tabelle 11 des DWA-A 138-1

Berechnungsbeispiel 3

Gegeben:

A_S	erforderliche Versickerungsfläche = 100 m^2
k	Durchlässigkeitsbeiwert des Bodens mit 2 × 10^{-4} m/s (hier k_f -Wert aus hydrogeologischem Gutachten)
f_k	resultierender Korrekturfaktor mit 0,8 (aus hydrogeologischem Gutachten bzw. aus DWA-A 138-1, Tabelle 10 und 11)

Gesucht: Q_S = Versickerungsrate in l/s

Formel: $Q_S = k_i \times A_S \times 10^3$

mit $k_i = k \times f_k$

Lösung: $k_i = 2 \times \cdot 10^{-4}$ m/s × 0,8 = 1,6 × 10^{-4} m/s

$Q_S = 1{,}6 \times 10^{-4}$ m/s × 100m^2 × 10^3

Ergebnis: Q_S = 16 l/s

Das **erforderliche Speichervolumen** stellt in den häufigsten Fällen die Bemessungszielgröße bei Versickerungsanlagen (außer bei der Flächenversickerung) dar. Im Arbeitsblatt DWA-A 138-1 wird im Abschnitt 5.3.3.7 die Vorgehensweise zur Ermittlung des erforderlichen Speichervolumens beschrieben.

Beim einfachen Verfahren gilt die Gleichung 8 des Arbeitsblatts:

$$V_{VA} = (Q_{zu} - Q_S - Q_{Dr}) \times D \times 60 \times f_Z \times f_A \times 10^{-3}$$

Dabei sind:

V_{VA}	das erforderliche Speichervolumen in (m^3)
Q_{zu}	der Zufluss zur Versickerungsanlage während der Dauerstufe D in (l/s)
Q_S	die Versickerungsleistung in (l/s)
Q_{Dr}	der Drosselabfluss in l/s (z. B. gemäß Einleitungsbeschränkung in den Straßenkanal)
D	die Dauerstufe in (min)
f_Z	der Zuschlagsfaktor nach DWA-A 117 (empfohlen zwischen 1,1 und 1,2)
f_A	der Abminderungsfaktor nach DWA-A 117 (i. d. R. = 1,0)

Das **Maximum für das erforderliche Speichervolumen** muss hierbei iterativ für verschiedene Wertepaare der Dauerstufe ***D*** (beginnend bei 5 min bis maximal 4.320 min) und der jeweils zugehörigen Regenspende $\boldsymbol{r_{D(n)}}$ bestimmt werden.

Die Bemessungsregeln für die unterschiedlichen Typen von Versickerungsanlagen, z. B. für Flächenversickerung, Versickerungsmulden, Rigolen- und Schachtversickerung, befinden sich im Abschnitt 6 des Arbeitsblatts DWA-A 138-1.

Grundlagen zur Einleitung von Niederschlagswasser in ortsnahe Oberflächengewässer

Ziel der Regenwasserbewirtschaftung auf Grundstücken ist der ökologische und nachhaltige Umgang mit Niederschlagswasser. Gemäß DIN 1986-100 „Entwässerungsanlagen für Gebäude und Grundstücke“, Ausgabe Dezember 2016, ist die Einleitung von Niederschlagswasser in ortsnahe Oberflächengewässer, z. B. in einen Bach oder See, ein wichtiger Teilbereich der dezentralen Regenwasserbewirtschaftung. Bezüglich der Planung, Bemessung und Ausführung wird in der DIN 1986-100 auf die entsprechenden DWA-Regelwerke verwiesen.

Gemäß DIN 1986-100 sollten bei der Planung und Ausführung von Regenentwässerungsanlagen vorrangig alle Möglichkeiten der dezentralen Regenwasserbewirtschaftung genutzt werden, um die Einleitung von Niederschlagswasser in die öffentlichen Kanäle zu reduzieren.

Die zunehmende Versiegelung von Landschaften durch Bebauung führt mittlerweile vielerorts zur Überlastung der öffentlichen Kanalsysteme. Der kostenintensive Neubau oder die Erweiterung der öffentlichen Kanäle wäre die Folge, kann aber von den Kommunen und Gebietskörperschaften oftmals nicht geleistet werden. Zur Lösung des Problems wird zunehmend die Regenwasserbewirtschaftung auf Grundstücken gefordert, bei der das Regenwasser größtenteils dem natürlichen Wasserkreislauf zugeführt wird.

Bild 6: *Einleitung von Niederschlagswasser in ortsnahe Oberflächengewässer (Quelle: Ishorst)*

Die Arbeits- und Merkblattreihe DWA-A/M 102 (BWK-A/M3)

Die emissions- und immissionsbezogenen Anforderungen zum Umgang mit Niederschlagswasser zur Einleitung in Oberflächengewässer befinden sich in der Arbeits- und Merkblattreihe DWA-A/M 102 (BWK-A/M3). Sie befasst sich mit den wasserwirtschaftlichen Belangen des Gewässerschutzes mit Schwerpunkt auf Regenwasserabflüsse (Niederschlagswasser) aus Siedlungsgebieten.

Die Arbeits- und Merkblattreihe wurde gemeinsam von der DWA (Deutsche Vereinigung für Wasserwirtschaft, Abwasser und Abfall e. V.) und dem BWK (Bund der Ingenieure für Wasserwirtschaft, Abfallwirtschaft und Kulturbau e. V.) erarbeitet und ist folgendermaßen gegliedert:

- Teil 1: Arbeitsblatt „Allgemeines“, Ausgabe Dezember 2020
- Teil 2: Arbeitsblatt „Emissionsbezogene Bewertungen und Regelungen“, Ausgabe Dezember 2020 – korrigierte Fassung: Oktober 2021
- Teil 3: Merkblatt „Immissionsbezogene Bewertungen und Regelungen“, Ausgabe Oktober 2021
- Teil 4: Merkblatt „Wasserhaushaltsbilanz für die Bewirtschaftung des Niederschlagswassers“, Ausgabe März 2022
- Teil 5: Merkblatt „Hydromorphologische und biologische Verfahren zur immissionsbezogenen Bewertung“, Ausgabe Oktober 2023

Die DWA Arbeits- und Merkblattreihe richtet sich vor allem an Ingenieurbüros, Kommunen, Aufsichtsbehörden, Entwässerungsbetriebe, ausführende Firmen sowie Hersteller von Behandlungsanlagen für Niederschlagswasser.

Der Anwendungsbereich bezieht sich innerhalb der Siedlungsentwässerung auf den umweltgerechten Umgang mit Regenwasserabflüssen, unter besonderer Berücksichtigung der Zielvorgaben der EG-WRRL/Europäische Wasserrahmenrichtlinie 2000/60/EG („guter chemischer und guter ökologischer Zustand“).

Die Arbeits- und Merkblattreihe ermöglicht die emissions- und immissionsbezogene Bewertung von Niederschlagswasser im Bereich bebauter und befestigter Flächen von Siedlungsgebieten zur Einleitung in oberirdische Gewässer.

Hinweis

„Immission" bedeutet „Einwirkung" von Störfaktoren aus der Umwelt auf den Menschen und die natürliche Umwelt. „Emission" bedeutet „Ausstoß", i. A. die Aussendung von Störfaktoren in die Umwelt.

Im Abschnitt 5.2.1 des Arbeitsblatts DWA-A 102/BWK-A3, Teil 1 „Grundlagen der Bewirtschaftung von Niederschlagswasser" wird klar darauf hingewiesen, dass zukünftig die Einleitung von Niederschlagswasser in die öffentlichen Kanäle reduziert und durch Maßnahmen der Regenwasserbewirtschaftung ersetzt werden soll. Dies gilt als Beitrag zur Zielsetzung „Erhalt des lokalen Wasserhaushalts".

Je nach Erfordernis des Gewässer- und Bodenschutzes sind verschiedenste Maßnahmen und Anlagentechniken zur Behandlung von belastetem Niederschlagswasser einsetzbar. Die Auswahl geeigneter Maßnahmen oder Maßnahmenkombinationen sollte anhand einer Prüfung der Umsetzbarkeit und unter Wirtschaftlichkeitsbetrachtungen erfolgen.

Begriffe

Aus der Arbeits- und Merkblattreihe sind folgende Begriffe bei der Einleitung von Regenwasser in ortsnahe Oberflächengewässer besonders relevant:

Niederschlagswasser

von Niederschlägen aus dem Bereich von bebauten und befestigten Flächen gesammeltes abfließendes Wasser (in Anlehnung an das Wasserhaushaltsgesetz – WHG)

Niederschlagswasserbehandlung

Maßnahmen in dezentralen oder zentralen Anlagen zur gezielten Stoffrückhaltung von belastetem Niederschlagswasser

Niederschlagswasserbewirtschaftung

Konzepte und Maßnahmen zum zielgerichteten Umgang mit Niederschlag und daraus resultierenden Abflüssen

Regenwasserabfluss (Q_R)

durch Regen verursachter Abfluss

Drosselabfluss (Q_{Dr})

gedrosselter Abfluss an der Einleitstelle in das Oberflächengewässer

Flächenkategorisierung und Behandlungserfordernis

Im Abschnitt 5.2.1 des Arbeitsblatts DWA-A 102/BWK-A3, Teil 2, erfolgt die Bewertung der Verschmutzung von Niederschlagswasser und ggf. des Umfangs notwendiger Behandlungsmaßnahmen vor der Einleitung in ein Oberflächengewässer. Dies auf der Grundlage allgemeiner Kenntnisse zum Stoffaufkommen unterschiedlicher Herkunftsflächen, vorrangig in Bezug auf den **Referenzparameter AFS63**.

Der **Referenzparameter AFS63** bezieht sich auf den Feinanteil der Feststoffe von 45 bis 63 µm, wodurch die stoffliche Belastung von Niederschlagswasser und der daraus resultierenden langfristigen Wirkungen in Grund- und Oberflächengewässern angemessen abgebildet wird.

Je nach Flächentypen und Flächennutzungen werden folgende drei Belastungskategorien unterschieden:

- Belastungskategorie I (gering belastetes Niederschlagswasser)
- Belastungskategorie II (mäßig belastetes Niederschlagswasser)
- Belastungskategorie III (stark belastetes Niederschlagswasser)

Gemäß Tabelle A.1 des DWA-A 102-2 ergibt sich beispielsweise für Dächer mit einer Fläche bis 50 m^2 die Belastungskategorie I (gering belastetes Niederschlagswasser).

Von der Kategorisierung in Tabelle A.1 kann in begründeten Einzelfällen abgewichen werden.

Unter die Kategorisierung fällt nur abfließendes und gesammeltes Niederschlagswasser von bebauten oder befestigen Flächen, da nur dieses den Abwasserbegriff gemäß Wasserhaushaltsgesetzt (WHG) erfüllt.

Die Tabelle 3 des Arbeitsblatts DWA-A 102/BWK-A3, Teil 2, beschreibt die Behandlungsbedürftigkeit von Niederschlagswasser der Belastungskategorien I, II und III. Das Einleiten von Niederschlagswasser der Belastungskategorie I darf grundsätzlich ohne Behandlung vorgenommen werden; bei den Belastungskategorien II und III ist eine geeignete technische Behandlung erforderlich.

Soweit möglich, sollte bei der Erschließung neuer Baugebiete eine Vermischung von Niederschlagswasser unterschiedlicher Belastungskategorien vermieden werden.

Bei Niederschlagswasser von Flächen der Belastungskategorie III sollte grundsätzlich überprüft werden, ob je nach Höhe der stofflichen Belastung eine dezentrale Behandlung mit nachfolgender Versickerung oder Einleitung in ein Oberflächengewässer oder eine Weiterleitung zur Kläranlage – im Trennverfahren – die zu präferierende Lösung ist.

Standardisierte Berechnungsgrößen zum Stoffabtrag

In Tabelle 4 des Arbeitsblatts DWA-A 102/BWK-A3, Teil 2, sind die aus Messdaten abgeleiteten Standardwerte für AFS63 als mittlere Konzentrationen und flächenspezifischer Stoffabtrag für die Belastungskategorien I bis III abgebildet.

In der Tabelle 4 des DWA-A 102-2 sind folgende Werte festgelegt:

- für die Belastungskategorie I eine mittlere Konzentration für ASF63 von 50 mg/l – entspricht einem flächenspezifischen Stoffabtrag von 280 kg/(ha × a)
- für die Belastungskategorie II eine mittlere Konzentration für ASF63 von 95 mg/l – entspricht einem flächenspezifischen Stoffabtrag von 530 kg/(ha × a)
- für die Belastungskategorie III eine mittlere Konzentration für ASF63 von 136 mg/l – entspricht einem flächenspezifischen Stoffabtrag von 760 kg/(ha × a)

Bezugsbasis für die Ermittlung der Jahreswerte zum durchschnittlichen Stoffabtrag für Deutschland für die drei Belastungskategorien ist das durchschnittliche Jahresregenwasservolumen $\boldsymbol{V}_{R,aM}$.

Das Jahresregenwasservolumen $\boldsymbol{V}_{R,aM}$ in m^3/a wird nach folgender Gleichung berechnet:

$$V_{R,aM} = h_{Na} \times A_{b,a} \times \Psi_{aM} \times 10$$

Dabei ist:

h_{Na}	Jahresniederschlagshöhe in (mm/a)
$A_{b,a}$	angeschlossene befestigte Fläche in (ha)
Ψ_{aM}	Jahresabflussbeiwert (dimensionslos)

Bei einer mittleren Jahresniederschlagshöhe von $\boldsymbol{h}_{Na}$ = 800 mm/a in Deutschland und einem mittleren Jahresabflussbeiwert $\boldsymbol{\Psi}_{aM}$ = 0,7 ergibt sich ein mittleres Jahresregenwasservolumen $\boldsymbol{V}_{R,aM}$ von 5.600 m^3/(ha × a), das entspricht 5.600.000 l/(ha × a).

So ergibt sich beispielsweise für die Belastungskategorie I mit einer mittleren Konzentration $\boldsymbol{C}_{R,AFS63}$ von 50 mg/l, multipliziert mit einem mittleren Jahresregenwasservolumen von 5.600.000 l/(ha × a), ein flächenspezifischer Stoffabtrag von 280 kg/(ha × a).

Die angegebenen Konzentrations- und Frachtwerte für die drei Belastungskategorien in Tabelle 4 sind ausdrücklich nur als Rechenwerte zur Verwendung im Kontext des Arbeitsblatts DWA-A 102 geeignet.

Bezugsgröße für den flächenspezifischen Stoffabtrag ist die an die Einleitstelle angeschlossene befestigte Fläche $\boldsymbol{A}_{b,a}$ im Einzugsgebiet.

Zielgröße zulässiger Stoffaustrag AFS63

Der für die Belastungskategorie I abgeleitete flächenspezifische Stoffabtrag von 280 kg/(ha × a) gilt als zulässiger flächenspezifischer Stoffaustrag („Emission") für AFS63 ($\boldsymbol{b}_{R,e,zulAFS63}$), der ohne Behandlung zur Einleitung in Oberflächengewässer geeignet ist.

Entsprechend wird für Flächen der Kategorien II und III und Einzugsgebiete, die Teilflächen dieser Belastungskategorien enthalten, zur Einhaltung des zulässigen Stoffaustrags in Oberflächengewässer eine Behandlung des Niederschlagswassers erforderlich. Dies bedeutet, der flächenspezifische Stoffaustrag („Emission") für AFS63 von Flächen der Kategorien II und III muss durch die Behandlung auf einen flächenspezifischen Stoffaustrag von 280 kg/(ha × a) reduziert werden. Der verbleibende flächenspezifische Stoffaustrag von 280 kg/(ha × a) darf dann eingeleitet werden.

Behandlung von Niederschlagswasser im Trennsystem

Für Flächen der Belastungskategorien II und III ist eine Behandlung des Regenwassers vor Einleitung in ein Oberflächengewässer erforderlich, um den Stoffaustrag an AFS63 auf den zulässigen Wert zu begrenzen.

Der erforderliche Stoffrückhalt im Niederschlagswasser erfolgt auf Grundstücken in dezentralen Behandlungsanlagen. Die Wirkmechanismen des Feststoffrückhalts sind i. d. R. Sedimentation und Filtration.

Maßgebend für den Nachweis der Wirksamkeit der Behandlungsmaßnahme ist der Stoffrückhalt bezüglich AFS63. Dezentrale Behandlungsanlagen sind in unmittelbarer Nähe der Flächen anzuordnen, deren Niederschlagswasser behandlungsbedürftig ist. Diese können für einzelne oder mehrere benachbarte Grundstücke eingesetzt werden.

Dezentrale Anlagen werden unterschieden in „Anlagen mit Bodenpassage als Teil der Behandlungsanlage, die individuell geplant und gebaut werden, teilweise unter Einsatz von Baufertigteilen" und „Anlagen, die gewerblich oder industriell gefertigt werden".

Bei Anlagen mit bauaufsichtlicher Zulassung kann die im Zulassungsverfahren für spezifizierte Anwendungsbereiche festgelegte Reinigungsleistung grundsätzlich als Wirksamkeit des Stoffrückhalts angesetzt werden.

Hierzu heißt es im Abschnitt 6.1.2 des Arbeitsblatts DWA-A 102/BWK-A3, Teil 2, wie folgt: *„Bei Anlagen mit Zulassung nach dem Deutschen Institut für Bautechnik (DIBt 2015) kann von einer Wirksamkeit des Stoffrückhalts bezüglich AFS63 ausgegangen werden, die ausreicht, auch für angeschlossene Flächen der Belastungskategorie III den resultierenden Stoffaustrag auf den rechnerisch zulässigen Wert zu begrenzen. Die im Zulassungsverfahren getroffenen Vorgaben zu Anordnung, Flächenzuordnung und Betrieb, insbesondere zur Begrenzung der angeschlossenen Flächen, sind im konkreten Anwendungsfall zu beachten."*

Für Anlagen ohne bauaufsichtliche Zulassung gelten folgende Regelungen: *„Soweit bei Anlagen ohne bauaufsichtliche Zulassung die Reinigungsleistung im Rahmen einer mit DIBt* (2015) vergleichbaren Prüfung bzw. eines Prüfverfahrens durch eine von der zuständigen Wasserbehörde zugelassene Prüfstelle festgestellt wurde, kann dieser Wert in gleicher Weise für die Beurteilung ihrer Wirksamkeit herangezogen werden. Zusätzlich sind dann im Einzelfall anlagenbezogene Vorgaben zu Anordnung, Flächenzuordnung und Betrieb durch die Prüfstelle oder die Wasserbehörde festzulegen."*

Vom Hersteller der Behandlungsanlage ist dem Betreiber sowie der zuständigen Wasserbehörde eine Konformitätsbescheinigung über Baugleichheit der geprüften und eingesetzten Anlage auszuhändigen.

Betrieb von Behandlungsanlagen

Allgemeines

Die Betriebserfahrungen für dezentrale Anlagen entstammen bisher vorwiegend Forschungs- und Pilotprojekten. Das entsprechende Merkblatt DWA-M 179-1 „Dezentrale Anlagen zur Niederschlagswasserbehandlung – Allgemeines sowie Einleitung in Oberflächengewässer" liegt seit September 2024 als Entwurf vor.

Eigenüberwachung

Vorgaben zur Eigenüberwachung von Behandlungsanlagen für Niederschlagswasser befinden sich in den länderspezifischen Regelungen und Verordnungen, wie z. B. der Eigenüberwachungsverordnung.

Wartung

Hinweise und Empfehlungen bezüglich der Wartung von Behandlungsanlagen für Niederschlagswasser befinden sich in den Regelungen der einzelnen Bundesländer.

Entsorgung von Abfällen

Abfälle aus Anlagen zur Behandlung von Niederschlagswasser müssen unter Beachtung der wasser- und abfallrechtlichen Bestimmungen ordnungsgemäß entsorgt werden.

Hinweis

Der Entwurf zum DWA-Merkblatt M 179-1 enthält im Abschnitt 9 folgende Empfehlungen zur Kontrolle, Reinigung und Wartung von dezentralen Behandlungsanlagen:

- Kontrolle 1- bis 2-mal pro Jahr
- Reinigung 1-mal pro Jahr
- Wartung alle 3 Jahre

Rechtliche Grundlagen

Grundlage für eine integrierte Wasserpolitik innerhalb der europäischen Gemeinschaft ist die am 22.12.2000 in Kraft getretene Europäische Wasserrahmenrichtlinie (EG-WRRL). Zielsetzung sind der Erhalt und die Verbesserung der aquatischen Umwelt. Die Umsetzung in deutsches Recht erfolgte über das Wasserhaushaltsgesetz (WHG), die Oberflächengewässerverordnung (OGewV) und die Grundwasserverordnung (GrwV).

Die Begrenzung der Gewässerbelastung durch Einleitung in Oberflächengewässer ist in Deutschland im Wasserhaushaltsgesetz (WHG) § 57 „Einleiten von Abwasser in Gewässer" geregelt.

Im Abschnitt 4.2 des Arbeitsblatts DWA-A 102-1/BWK-A 3-1 „Emissionsbezogene Anforderungen“ wird eingangs auf die DIN EN 752 „Entwässerungssysteme außerhalb von Gebäuden – Kanalmanagement“ verwiesen, die lediglich allgemeine Grundsätze zur Begrenzung der Gewässerbelastung durch Niederschlagswasser enthält und hinsichtlich der Anforderungen lediglich auf nationale bzw. lokale Vorschriften verweist.

In der Praxis sind die rechtlichen Anforderungen zur Einleitung von Niederschlagswasser in Oberflächengewässer i. d. R. im jeweiligen Landeswassergesetz, den kommunalen Abwassersatzungen sowie den Merkblättern der Umweltschutzämter verankert.

Bemessungsregeln zur Einleitung von Niederschlagswasser in ortsnahe Oberflächengewässer

Die Bemessungsregeln zur Einleitung von Niederschlagswasser in ortsnahe Oberflächengewässer sind im Arbeitsblatt DWA-A 102-2/BWK-A 3-2 „Emissionsbezogene Bewertungen und Regelungen“, Ausgabe Dezember 2020, korrigierte Fassung vom Oktober 2021, enthalten.

Bei der Bemessung werden zunächst die Flächenermittlung und die Bilanzierung des Stoffabtrags durch Niederschlagswasser durchgeführt. Falls eine Behandlung erforderlich ist, muss der Wirkungsgrad der Behandlungsmaßnahme ermittelt werden. Bei einer notwendigen Drosselung des Regenabflusses an der Einleitstelle in das oberirdische Gewässer muss zusätzlich noch die Berechnung des Speichervolumens der Regenrückhaltung erfolgen.

Flächenermittlung

Basisgröße zur Ermittlung des flächenspezifischen Stoffabtrags ist die an die Einleitstelle angeschlossene befestigte Fläche $A_{b,a}$ im Einzugsgebiet.

Abgekoppelte (nicht angeschlossene) Flächen bleiben bei der Ermittlung des jährlichen Stoffabtrags bzw. spezifischen Stoffabtrags unberücksichtigt. Somit wird der rechnerische Stoffaustrag nur auf die angeschlossene befestige Fläche $A_{b,a}$ in ha im betrachteten Einzugsgebiet bezogen.

Flächen mit durchlässiger Flächenbefestigung gelten als abgekoppelt, wenn ihr Aufnahmevermögen für Regenspenden bis zu 300 l/(s × ha) nachgewiesen ist und sie keinen Beitrag zum Regenwasserabfluss leisten.

Bilanzierung des Stoffabtrags durch Niederschlagswasser

Der resultierende Stoffabtrag $B_{R,a,AFS63}$ in kg/a wird mittels flächengewichtiger Frachtbilanz mit den flächenspezifischen Werten $b_{R,a,AFS63}$ in kg/(ha × a) nach Tabelle 4 des Arbeitsblatts DWA-A 102-2/BWK-A 3-2 berechnet. Basisgröße für die Frachtbilanz ist die angeschlossene befestigte Fläche $A_{b,a}$ in ha.

Durchlässig befestigte Flächen und Gründächer mit nachweislich reduziertem Jahresregenwasserabfluss gegenüber dem Referenzwert von $h_{Na,eff}$ = 560 mm/a werden in der Bilanzierung des Stoffabtrags ohne Reduzierung mit dem flächenspezifischen Wert $b_{R,a,AFS63}$ = 280 kg/(ha × a) bilanziert. Diese Flächen werden der Belastungskategorie I zugerechnet, da ihr Einfluss in der Stoffbilanz hinsichtlich erforderlicher Behandlung „neutral“ bleibt.

Für den Stoffabtrag $B_{R,a,AFS63,i}$ der Teilfläche $A_{b,a,i}$ gilt:

$$B_{R,a,AFS63,i} = A_{b,a,i} \times b_{R,a,AFS63,i} \text{ (in kg/a)}$$

Der Stoffabtrag des Gebiets beträgt:

$$B_{R,a,AFS63} = \Sigma\, B_{R,a,AFS63,i} \text{ (in kg/a)}$$

Der resultierende flächenspezifische Stoffabtrag des betrachteten Gebiets ergibt sich zu:

$$b_{R,a,AFS63} = B_{R,a,AFS63} / \Sigma\, A_{b,a,i} \text{ (in kg/(ha × a))}$$

Wirkungsgrad von Behandlungsmaßnahmen

Wird ein zulässiger flächenspezifischer Stoffabtrag $b_{R,e,zulAFS63}$ von 280 kg/(ha × a) überschritten, sind gemäß Abschnitt 5.2.2.4 des Arbeitsblatts DWA-A 102-2/BWK-A 3-2 Behandlungsmaßnahmen erforderlich. Für die gewählten Behandlungsmaßnahmen sind dann die Wirkungsgrade zu berechnen und in der weiteren Bilanzierung zu berücksichtigen.

Der erforderliche Wirkungsgrad η_{erf} der Behandlungsmaßnahmen ergibt sich zu:

$$\eta_{erf} = 1 - (b_{R,a,zulAFS63} / b_{R,a,AFS63})\ (-)$$

oder

$$\eta_{erf} = [1 - (b_{R,a,zulAFS63} / b_{R,a,AFS63})] \times 100\ (\text{in } \%)$$

Der resultierende Stoffaustrag $B_{R,a,AFS63,i}$ nach einer Behandlungsanlage ergibt sich bei dezentraler Behandlung für einzelne Teilflächen zu:

$$B_{R,a,AFS63,i} = A_{b,a,i} \times (1 - \eta_i) \times b_{R,a,AFS63,i}\ (\text{in kg/a})$$

Berechnungsbeispiel 1

Gegeben: nur Belastungskategorie II mit 530 kg/(ha × a)

Gesucht: erforderlicher Wirkungsgrad in %

Formel: $\eta_{erf} = [1 - (b_{R,a,zulAFS63}/b_{R,a,AFS63})] \times 100$ (in %)

Lösung: [1 – (280 kg/ha× a)/530 kg/(ha × a)] × 100 = 47,2 %

Ergebnis: Der erforderliche Wirkungsgrad η_{erf} beträgt 47,2 %.

Berechnungsbeispiel 2

Gegeben: nur Belastungskategorie III mit 760 kg/(ha × a)

Gesucht: erforderlicher Wirkungsgrad in (%)

Lösung: [1 – (280 kg/(ha × a)/760 kg/(ha × a))] × 100 = 63,2 %

Ergebnis: Der erforderliche Wirkungsgrad η_{erf} beträgt 63,2 %.

Drosselabfluss und Speichervolumen der Regenrückhaltung

Die Bemessung von Regenentwässerungsanlagen erfolgt grundsätzlich nach DIN 1986-100 „Entwässerungsanlagen für Gebäude und Grundstücke“, Ausgabe Dezember 2016, sowie DIN EN 12056-3 „Schwerkraftentwässerungsanlagen innerhalb von Gebäuden – Dachentwässerung, Planung und Bemessung“, Ausgabe Januar 2001.

Zur Vermeidung von Spitzenabflüssen kann für jede einzelne Einleitstelle in ein oberirdisches Gewässer die Drosselung des Regenabflusses erforderlich werden.

Je nach Größe des zulässigen Drosselabflusses Q_{Dr} ist ein mehr oder weniger großes Speichervolumen erforderlich, um hohe Niederschlagsabflüsse zwischenspeichern zu können.

Das erforderliche Speichervolumen kann nach den Vorgaben des Arbeitsblatts DWA-A 117 „Bemessung von Regenrückhalteräumen“, Ausgabe Dezember 2013, errechnet werden.

Hinweis

Der Entwurf zum DWA-Merkblatt M 179-1 „Dezentrale Anlagen zur Niederschlagswasserbehandlung – Allgemeines sowie Einleitung in Oberflächengewässer“, Ausgabe September 2024, beschreibt im Abschnitt 8.2 folgende Regelungen bezüglich der Vermischung von Niederschlagswasser verschiedener Belastungskategorien:

„Die Vermischung von nicht behandlungsbedürftigen Abflüssen (Kategorie I) mit behandlungsbedürftigen Abflüssen (Kategorie II und III) steht einer effektiven dezentralen Behandlung entgegen und ist daher nicht zulässig.

Aus gleichem Grund sollte eine Vermischung unterschiedlich stark belasteter Abflüsse (Kategorie II mit III) vermieden werden. Sollte eine Vermischung nicht vermeidbar sein, gelten die Anforderungen der jeweils am stärksten belasteten Fläche. Werden beispielsweise die Abflüsse von 2.000 m² Kategorie II mit 200 m² Kategorie III gemeinsam behandelt, gelten die Anforderungen für Kategorie III für die gesamte Fläche von 2.200 m².“

Gemäß dem Entwurf zum DWA-Merkblatt M 179-1 beträgt der stoffliche Wirkungsgrad für die Kategorie II mindestens 47 % und für die Kategorie III mindestens 63 %.

Planung und Berechnung von Dachentwässerungsanlagen

Immer häufiger auftretende Starkregenereignisse führten in den letzten Jahrzehnten vermehrt zum Einsturz von Flachdächern, hervorgerufen durch statische Überlastung. Die Dacheinstürze entstanden hauptsächlich durch eine fehlende oder unzureichende Notentwässerung. Zur Vermeidung solcher Schadensereignisse ist die Notentwässerung von Flachdächern mittlerweile Pflicht und in den entsprechenden Regelwerken fest verankert.

Bemessung von Notentwässerungen

***Bild 1:** Flachdachentwässerung mit Dach- und Notabläufen (Quelle: Sita Bauelemente)*

Die Planung, Bemessung und Ausführung von Regenentwässerungsanlagen und Notentwässerungen müssen grundsätzlich nach DIN 1986-100 „Entwässerungsanlagen für Gebäude und Grundstücke", der DIN EN 12056-3 „Schwerkraftentwässerungsanlagen innerhalb von Gebäuden – Dachentwässerung, Planung und Bemessung" sowie der Flachdachrichtlinie erfolgen.

Jede Dachfläche bzw. jeder durch die Dachkonstruktion vorgegebene Tiefpunkt muss gemäß Abschnitt 5.3.1 der DIN 1986-100 bzw. Abschnitt 2.5 der Flachdachrichtlinie über eine Notentwässerung verfügen.

Die Notentwässerung kann entweder über Notüberläufe (z. B. durch Öffnungen in der Attika) oder Notabläufe (z. B. Notabläufe mit Rohrsystemen) erfolgen.

Nach Abschnitt 5.9 der DIN 1986-100 darf die Notentwässerung nicht an die Entwässerungsanlage angeschlossen werden, sondern muss mit freiem Auslauf auf schadlos überflutbare Grundstücksflächen abgeleitet werden.

Von jedem Dachablauf aus muss ein freier Abfluss auf der Dachabdichtung zu einer Notentwässerung mit ausreichendem Abflussvermögen vorhanden sein. Lässt die Dachgeometrie eine freie Notentwässerung über die Fassade nicht zu, muss zur Sicherstellung der Notentwässerungsfunktion ein zusätzliches Leitungssystem mit freiem Auslauf auf das Grundstück diese Aufgabe übernehmen.

Rohrsysteme zur Notentwässerung sind als Freispiegelsysteme oder als planmäßig vollgefüllt betriebene Systeme mit Druckströmung zu bemessen.

Gemäß Abschnitt 4.8.1 der Flachdachrichtlinie sowie Abschnitt 5.7.3.1 der DIN 1986-100 müssen fabrikmäßig vorgefertigte Dach- bzw. Notabläufe der DIN EN 1253-2 „Abläufe für Gebäude: Dachabläufe und Bodenabläufe ohne Geruchverschluss" entsprechen.

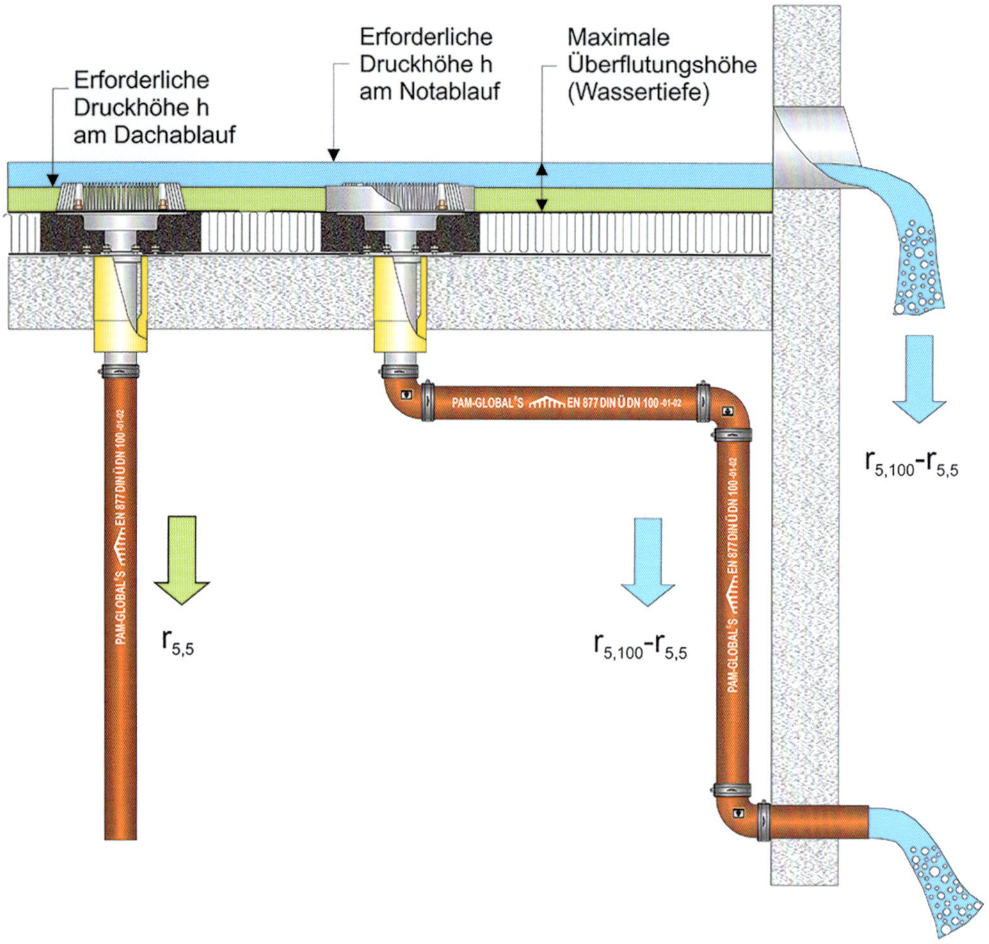

Bild 2: *Schematische Darstellung Dachentwässerung mit Notüberlauf- bzw. Notablaufsystem (Quelle: Saint-Gobain HES GmbH)*

Hinweis

Nur in Ausnahmefällen kann auf eine Notentwässerung verzichtet werden. Im Kommentar zur DIN 1986-100 heißt es hierzu: *„Nur bei planmäßig vorgesehener Regenrückhaltung auf Flachdächern in Massivbauweise, die dafür statisch berechnet sind, kann auf eine Notentwässerung verzichtet werden. Dabei sollte die Dachkonstruktion einen Einstau bis zur Attikahöhe aufnehmen können."*

Ermittlung des Abflussvermögens von Notentwässerungen

Dachentwässerungssysteme werden für $r_{(5,5)}$, d. h. ein am Gebäudestandort über 5 min zu erwartendes Regenereignis – das alle 5 Jahre auftritt – bemessen.

Nach Abschnitt 14.2.6 der DIN 1986-100 müssen das Dachentwässerungs- und Notentwässerungssystem gemeinsam mindestens den am Gebäudestandort über 5 min zu erwartenden Jahrhundertregen $r_{(5,100)}$ entwässern können. Alle Regenereignisse bis zum Jahrhundertregen dürfen die statischen Reserven der Tragwerkskonstruktion nicht überschreiten. Somit wird das **Mindestabflussvermögen der Notentwässerung** nach folgender Gleichung berechnet:

$$Q_{NOT} = (r_{(5,100)} - r_{(5,5)} \times C_S) \times A/10.000 \text{ (l/s)}$$

Dabei ist:

Q_{NOT}	das Mindestabflussvermögen der Notentwässerung in (l/s)
$r_{(5,100)}$	der über 5 min zu erwartende Jahrhundertregen am Gebäudestandort nach KOSTRA-DWD 2020 in l/(s × ha)
$r_{(5,5)}$	die über 5 min am Gebäudestandort zu erwartende 5-jährige Berechnungsregenspende nach KOSTRA-DWD 2020 in l/(s × ha)
C_S	der Spitzenabflussbeiwert nach Tabelle 9 der DIN 1986-100
A	Dachfläche in (m^2)

Berechnungsbeispiel 1

Gegeben:

Jahrhundertregenspende $r_{(5,100)}$ = 517 l/(s × ha) (Bonn Zentrum)
Berechnungsregenspende $r_{(5,5)}$ = 287 l/(s × ha) (Bonn Zentrum)
Spitzenabflussbeiwert C_S = 0,8 für Kiesdach
Dachfläche A = 1.000 m²

Gesucht: Q_{NOT} in (l/s)
Lösung: Q_{NOT} = (517 – 287 × 0,8) × 1.000/10.000 (Punkt-vor-Strich-Rechnung)
Ergebnis: Q_{NOT} = 28,7 l/s

Tabelle 1: *Regenspenden nach KOSTRA-DWD 2020 für Bonn Zentrum (Quelle: Ishorst)*

Ort Bonn	Dachflächen		Grundstücksflächen	
	Regendauer D = 5 min		Regendauer D = 5 min	
	Bemessung	Notentwässerung	Bemessung	Überflutungsprüfung
	$r_{(5,5)}$	$r_{(5,100)}$	$r_{(5,2)}$	$r_{(5,30)}$
	l/(s × ha)	l/(s × ha)	l/(s × ha)	l/(s × ha)
	287	517	227	413

Ist ein **außergewöhnliches Maß an Schutz** für ein Gebäude (z. B. Flughafengebäude, Forschungszentrum oder Klinikum) erforderlich, sollte gemäß DIN 1986-100, Abschnitt 14.2.6, die Notentwässerungsanlage allein den Jahrhundertregen ($\boldsymbol{r}_{5,100}$) sicher ableiten können. Hierbei ist die Ableitung des Jahrhundert-Regenereignisses selbst bei Ausfall der Dachentwässerungsanlage – z. B. durch Rückstau im Regenentwässerungssystem oder verschmutzte Dachabläufe – sichergestellt.

Das Abflussvermögen der Notentwässerung wird dann nach folgender Gleichung ermittelt:

$Q_{NOT} = r_{(5,100)} \times A / 10.000$ (l/s)

Dabei ist:

Q_{NOT}	das Mindestabflussvermögen der Notentwässerung in (l/s)
$r_{(5,100)}$	der über 5 min zu erwartende Jahrhundertregen am Gebäudestandort nach KOSTRA-DWD 2020 in l/(s × ha)
$r_{(5,5)}$	die über 5 min am Gebäudestandort zu erwartende 5-jährige Berechnungsregenspende nach Tabelle A.1 der DIN 1986-100 oder nach KOSTRA-DWD 2020 in l/(s × ha)
A	Dachfläche in Quadratmeter (m²)

Berechnungsbeispiel 2

Gegeben:

Jahrhundertregenspende $r_{(5,100)}$ = 517 l/(s × ha) (Bonn Zentrum)
Dachfläche A = 1.000 m²

Gesucht: Q_{NOT} in (l/s)
Lösung: Q_{NOT} = 517 × 1.000/10.000
Ergebnis: Q_{NOT} = 51,7 l/s

Konstruktion der Notentwässerungen

Nach DIN 1986-100, Abschnitt 14.2.6, gelten folgende Grundanforderungen an die Konstruktion von Notentwässerungen: *„Die Addition der Druckhöhen am Dachablauf und an der Notentwässerung ergibt die maximale Überflutungshöhe auf dem Dach. Die maximale Überflutungshöhe auf dem Dach muss mit dem Tragwerksplaner (Statiker) abgestimmt werden. Die aus der Überflutungshöhe resultierende Flächenlast über dem Entwässerungstiefpunkt (Dachablauf) darf den statisch zugelassenen Wert für die Dachkonstruktion nicht überschreiten. Kann dieses Ziel nicht erreicht werden, muss die Dachkonstruktion mindestens im Bereich der Gefälletiefpunkte verstärkt werden.“*

Eine Alternative zur Verstärkung der Dachkonstruktion in den Gefälletiefpunkten ist der Einbau von Notabläufen mit eigenem Leitungssystem und freiem Auslauf auf schadlos überflutbare Grundstücksflächen.

Die resultierende Überflutungshöhe ergibt sich entweder aus der Addition der Druckhöhen ***h*** am Dachablauf und der Notentwässerungsströmung zur Öffnung in der Attika oder aus der Addition der Druckhöhen ***h*** am Dachablauf und am Notablauf.

In der Praxis muss der Sanitärplaner zunächst vom Tragwerksplaner (Statiker) bestätigt bekommen, mit welcher zusätzlichen Last die Dachkonstruktion beaufschlagt werden darf, wobei jede 100 kg/m² einer zulässigen Wasserhöhe von 100 mm entsprechen.

Die Angaben der Tragwerksplaner (Statiker) bezüglich der zusätzlichen statischen Dachlasten beziehen sich erfahrungsgemäß in den häufigsten Fällen auf die zulässigen Schnee- und Eislasten am Gebäudestandort. Die benötigten Druckhöhen ***h*** in mm für Dach- und Notabläufe erhalten wir aus der Tabelle 10 der DIN 1986-100. Die Summe der Druckhöhen ***h*** für Dach- und Notablauf darf den maximal zulässigen Wasserstand auf dem Dach nicht überschreiten.

Tabelle 2: *In Anlehnung an Tabelle 10 der DIN 1986-100 (Quelle: Ishorst)*

Erforderliche Druckhöhe *h* am Dachablauf zur Erreichung des Mindestabflusses nach DIN EN 1253-2				
	Schwerkraftentwässerung		**Entwässerung mit Druckströmung**	
Nennweite	**Mindestabflusswert** l/s	**Stauhöhe *h*** mm	**Mindestabflusswert** l/s	**Stauhöhe *h*** mm
40	-	-	3,0	
50	0,9		6,0	
70	1,7		12,0	55
80 (75)	2,6	35	14,0	
90	3,0		18,0	
100	4,5		22,0	
125	7,0	45	-	-
150	**8,1**			

Bei den Angaben in Tabelle 10 der DIN 1986-100 handelt es sich um Mindestanforderungen für Dach- und Notabläufe. Diese Werte sind allgemein gültig und optimal anzuwenden, wenn z. B. in der Vorplanungsphase noch kein Fabrikat für die Abläufe feststeht. Sobald aber das Fabrikat der Abläufe feststeht, sollten die Angaben für das Abflussvermögen und die Druckhöhe ***h*** der Ablaufhersteller verwendet werden.

Ist eine Notentwässerung über Öffnungen in der Attika möglich, kann die Differenz zwischen statisch zulässiger Last und der Druckhöhe am Dachablauf ***h*** als Druckhöhe ***h*** für die Notentwässerungsströmung genutzt werden.

Beispiel

Der Statiker hat eine zusätzliche Last von 150 kg/m^2 bestätigt. Aus Tabelle 10 der DIN 1986-100 ergibt sich für die vorgesehenen Dachabläufe DN 100 bei Schwerkraftentwässerung eine Druckhöhe (Stauhöhe) ***h*** von 35 mm. Von den 150 mm maximaler Wasserhöhe verbleiben somit 115 mm als Druckhöhe ***h*** für die Notentwässerungsströmung zu den Öffnungen in der Attika.

Gemäß DIN 1986-100, Abschnitt 14.2.6, muss die Unterkante der Notentwässerung oberhalb der erforderlichen Druckhöhe ***h*** für den gewählten Dachablauf liegen. Damit soll erreicht werden, dass die Notentwässerung erst anläuft, wenn der Berechnungsregen $\boldsymbol{r}_{(5,5)}$ überschritten wird, bei Notabläufen z. B. durch einen Anstauring.

Bild 3: *Notablauf HDE INO DN 80 mit Anstauring (Quelle: Saint-Gobain HES GmbH)*

Ist der Hochpunkt einer Notentwässerungsströmung weiter als 10 m vom Notüberlauf/Notablauf entfernt oder liegen Notüberläufe/Notabläufe weiter als 20 m auseinander, ist die Wassertiefe im Hochpunkt der Notentwässerungsströmung mindestens mit dem zweifachen Wert für die erforderliche Druckhöhe ***h*** am Notüberlauf/Notablauf anzunehmen:

$$W = 2 \times h \text{ (mm)}$$

Dabei ist:

W	die Wassertiefe der Notentwässerungsströmung in mm
h	die Druckhöhe am Notüberlauf bzw. Notablauf in mm

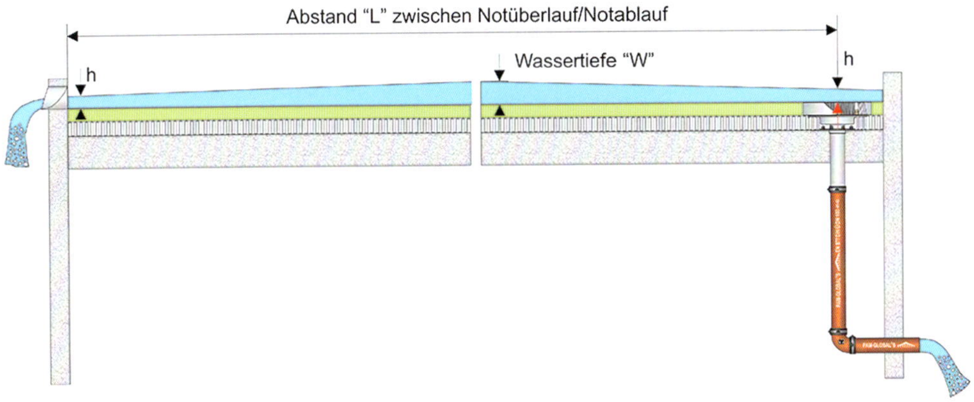

***Bild 4:** Schematische Darstellung Höhe der Notentwässerungsströmung bei größeren Abständen (Quelle: Saint-Gobain HES GmbH)*

Ermittlung der Größe von Notüberläufen

Die Ermittlung der Größe von rechteckigen Notüberläufen ist in Abschnitt 14.5.2 der DIN 1986-100 festgelegt.

Es gilt die Formel:

$L_W = Q_{NOT} \times 24.000/h^{1,5}$ (mm)	
Dabei ist:	
L_W	die Breite des Notüberlaufs in mm
h	die Druckhöhe am Notüberlauf in mm
Q_{NOT}	das Abflussvermögen des Notüberlaufs in (l/s)

Berechnungsbeispiel 3

Gegeben:

$Q_{NOT\ insgesamt}$	= 53,3 l/s aufgeteilt auf 6 Notüberläufe
$Q_{NOT\ je\ Notüberlauf}$	= 8,9 l/s
Druckhöhe h am Notüberlauf	= 115,0 mm

Gesucht: L_W die Breite der Notüberläufe in mm
Lösung: $L_W = 8{,}9 \times 24.000/(115{,}0)^{1,5}$
Ergebnis: $L_W = 173{,}2$ mm (in der Praxis 175 mm)

Zur Ermittlung der Größe von rechteckigen Notüberläufen kann auch ggf. Bild 39 der DIN 1986-100 verwendet werden.

Die Größe von runden Notüberläufen ist in der DIN 1986-100 im Abschnitt 14.5.3 festgelegt. Zur Ermittlung der Größe von runden Notüberläufen stehen Bild 40 und Bild 41 zur Verfügung.

Notentwässerung bei Regenrinnen

Bei **vorgehängten Rinnen** ist i. d. R. keine zusätzliche Notentwässerung erforderlich. Die normenmäßige Bemessung von vorgehängten Rinnen ist abgestimmt auf den Berechnungsregen bei Vollfüllung der Rinne. Bei Regenereignissen oberhalb des Berechnungsregens erfolgt die Notentwässerung über die Vorderkante der Rinnenlängsseite.

Da **innen liegende und eingebaute Dachrinnen** nicht wasserdicht in die Dachhaut eingebunden sind und wenig Rückhaltevolumen vorhanden ist, besteht bei Starkregenereignissen erhöhte Gefahr für das Eindringen von Regenwasser in das Gebäude. Innen liegende und eingebaute Rinnen benötigen deshalb aus Sicherheitsgründen eine leistungsfähige Notentwässerung. Die genaue Vorgehensweise für die Planung und Ausführung wird im Abschnitt 5.7.4.3 der DIN 1986-100 erläutert. Die Bemessung erfolgt nach Abschnitt 5.2 der DIN EN 12056-3 (siehe hierzu auch Fachinformation „Bemessung von vorgehängten und innenliegenden Rinnen“, Ausgabe August 2005 – Herausgeber ZVSHK Zentralverband Sanitär Heizung Klima, Sankt Augustin).

Fehlende Notentwässerung bei innen liegenden und eingebauten Rinnen hat schon des Öfteren zum Überlaufen der Rinnen – mit verheerenden Wasserschäden innerhalb von Gebäuden – geführt.

Dachentwässerung mit Druckströmung

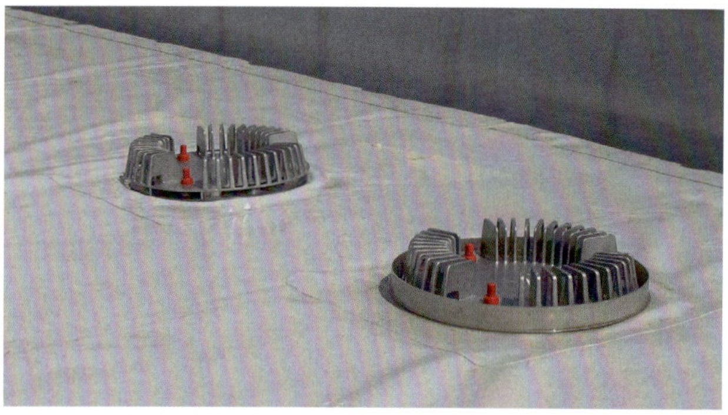

Bild 5: *Dach- und Notablauf für Dachentwässerung mit Druckströmung (Quelle: Saint-Gobain HES GmbH)*

Gemäß Abschnitt 3.13 der DIN 1986-100 „Entwässerungsanlagen für Gebäude und Grundstücke", Ausgabe Dezember 2016, handelt es sich bei der Dachentwässerung mit Druckströmung um Regenentwässerungsanlagen, in denen die Abläufe und Leitungen unter Planungsbedingungen vollgefüllt betrieben werden und die Strömung durch das Ausnutzen der Druckhöhe zwischen den Dachabläufen und dem Übergang auf die weiterführende Freispiegelentwässerung aufrechterhalten wird.

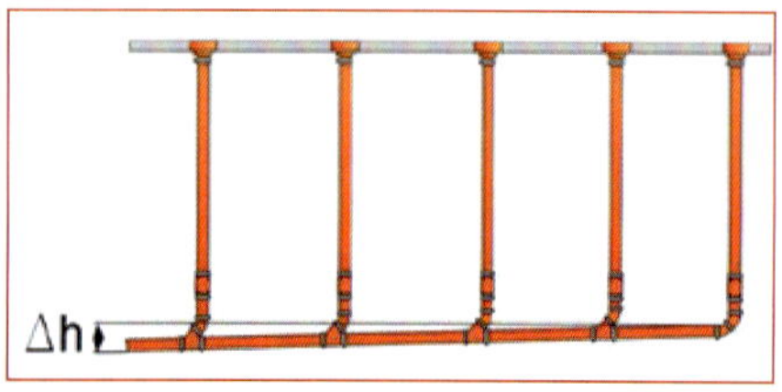

Bild 6: *Druckhöhe bei Freispiegelentwässerung (Quelle: Ishorst)*

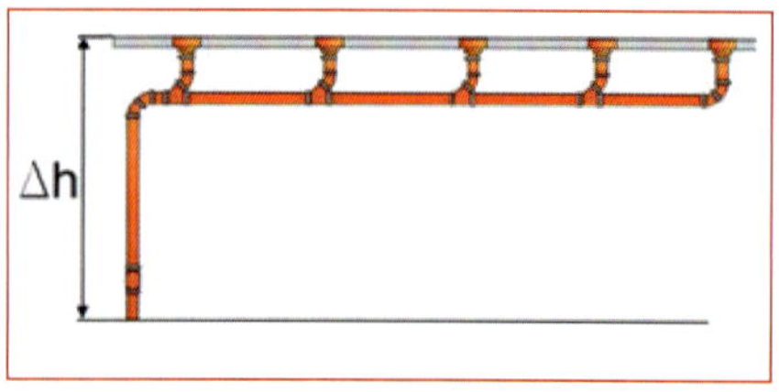

Bild 7: *Druckhöhe bei Druckströmungsanlagen (Quelle: Ishorst)*

Bedingt durch den großen zur Verfügung stehenden Druck zur Überwindung der Rohrreibungs- und Einzelwiderstände ergeben sich gegenüber der Freispiegelentwässerung wesentlich kleinere Rohrdurchmesser.

Verlegung der Leitungen

Im Abschnitt 6.4 der DIN 1986-100 sind die Anforderungen an die Verlegung der Leitungen enthalten.

Hiernach müssen die verwendeten Bauteile bei diesem Dachentwässerungssystem aufeinander abgestimmt sein und den im Betrieb auftretenden Über- und Unterdrücken sowie den daraus resultierenden Kräften standhalten.

Die systemspezifischen Herstellerangaben sind unbedingt einzuhalten.

Bedingt durch die hohen Strömungsgeschwindigkeiten dürfen planmäßig vollgefüllte Regenwasserleitungen ohne Gefälle verlegt werden.

Über eine Dachentwässerungsanlage sollten nicht mehr als 5.000 m^2 Dachfläche entwässert werden. Größere Dachflächen sind über mehrere Anlagen zu entwässern. Im Übergangsbereich der Druckströmung auf die weiterführende Freispiegelentwässerung muss, bedingt durch die hohe kinetische Energie der Druckströmung, eine geeignete Werkstoffwahl und Lagesicherung vorgenommen werden.

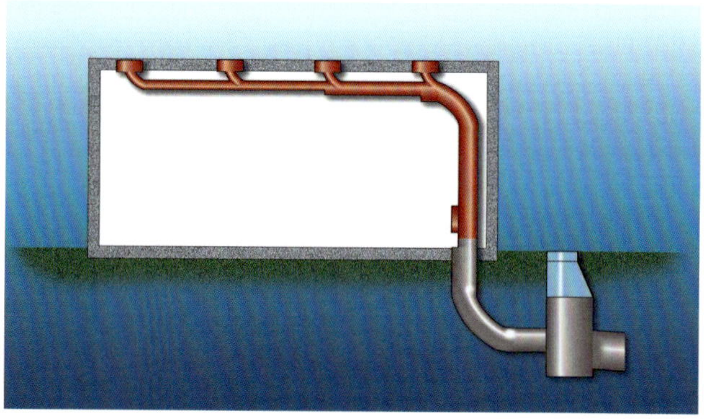

Bild 8: *Schaubild Dachentwässerung mit Druckströmung (Braun = Dachentwässerung mit Druckströmung; Grau = weiterführende Freispiegelentwässerung) (Quelle: Saint-Gobain HES GmbH)*

Dachabläufe für Druckströmung

Die Anforderungen an die Dachabläufe für Druckströmung werden im Abschnitt 5.7.3.2 der DIN 1986-100 beschrieben.

Dachabläufe müssen für planmäßig vollgefüllt betriebene Dachentwässerungsanlagen mit Druckströmung geeignet sein. Das Abflussvermögen der Dachabläufe muss ohne Lufteintrag ermittelt werden.

Der Einzelwiderstandsbeiwert für den Dachablauf (unbedingt erforderlich zur Rohrnetzberechnung) ist nach DIN EN 1253-2 „Abläufe für Gebäude – Dachabläufe und Bodenabläufe ohne Geruchverschluss“, Ausgabe März 2015, zu ermitteln und vom Hersteller anzugeben.

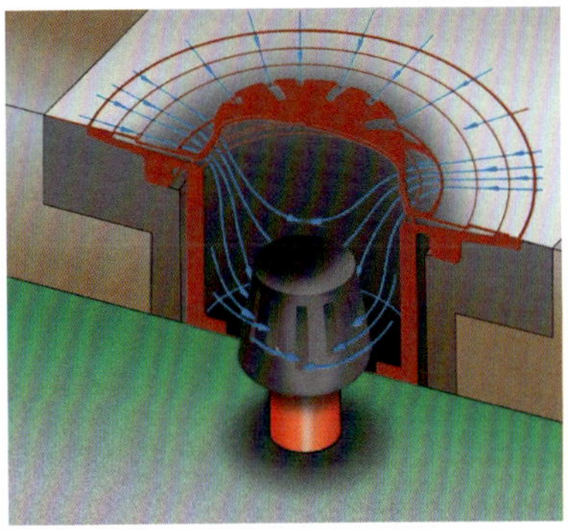

Bild 9: *Dachablauf für Druckströmung mit Funktionsteil (Quelle: Saint-Gobain HES GmbH)*

Notentwässerung für Druckströmung

Auch bei der Dachentwässerung mit Druckströmung muss für eine ausreichende Notentwässerung der Dachfläche gesorgt werden. Entsprechende Anforderungen befinden sich im Abschnitt 5.9 der DIN 1986-100. Notentwässerungen können über Notüberläufe (z. B. Öffnungen in der Attika) oder Notabläufe (Notabläufe mit eigenem Rohrsystem und Abfluss auf schadlos überflutbare Grundstücksflächen) erfolgen.

Die Notentwässerung darf nicht an die Entwässerungsanlage angeschlossen werden, sondern muss mit freiem Auslauf auf schadlos überflutbare Grundstücksflächen entwässert werden.

Von jedem Dachablauf aus muss ein freier Abfluss auf der Dachabdichtung zu einer Notentwässerung mit ausreichendem Abflussvermögen vorhanden sein. Lässt die Dachgeometrie eine freie Notentwässerung über die Fassade nicht zu, muss zur Sicherstellung der Notentwässerungsfunktion ein zusätzliches Leitungssystem mit freiem Auslauf auf das Grundstück diese Aufgabe übernehmen.

Verrohrte Notablaufsysteme müssen als Freispiegelsysteme oder als planmäßig vollgefüllte Leitungen mit Druckströmung den Anforderungen nach 14.2 und 14.3 der DIN 1986-100 genügen.

Bemessungsgrundsätze

Die Bemessungsanforderungen für planmäßig vollgefüllt betriebene Dachentwässerungsanlagen mit Druckströmung befinden sich im Abschnitt 14.3 der DIN 1986-100.

Grundlage für die Bemessung einer Dachentwässerungsanlage mit Druckströmung ist eine stationäre Wasserströmung mit konstanter Dichte ohne Lufteintrag. Als verfügbare Höhe $\Delta \boldsymbol{h}_{verf}$ zur Überwindung der Rohrreibungs- und Einzelwiderstände in einem Fließweg (Stromfaden) kann maximal die Differenz zwischen der Wasserlinie über dem Dachablauf und dem Übergang auf die weiterführende teilgefüllte Sammel- oder Grundleitung verwendet werden.

Ziel der Rohrnetzberechnung ist es, beim Berechnungsregen möglichst die Vollfüllung der Anlage und eine gute Wassermengenverteilung in den einzelnen Teilstrecken durch hydraulischen Abgleich zu erreichen. Hierzu wird für die einzelnen Fließwege (Stromfäden) die Bernoulli-Gleichung (stationäre Strömung bei inkompressiblem Fluid) angewendet.

Hinweis

Da die handschriftliche Bemessung von Dachentwässerungsanlagen mit Druckströmung sehr zeitaufwendig ist, werden überwiegend entsprechende Computer-Berechnungsprogramme verwendet.

Inspektion und Wartung

Zur Gewährleistung einer dauerhaft einwandfreien Funktion müssen bei Dachabläufen und Notentwässerungen regelmäßige Inspektionen und Wartungen gemäß DIN 1986-3 „Regeln für Betrieb und Wartung“ durchgeführt werden. In der geltenden Norm vom Mai 2024 werden in Tabelle 1 Anforderungen an die Inspektion und Wartung von Dachabläufen und Notentwässerungen gestellt. Auf den Abschuss eines entsprechenden Wartungsvertrags wird hingewiesen.

Tabelle 3: *Nach Tabelle 1 der DIN 1986-3, Ausgabe Mai 2024 – Inspektions- und Wartungsmaßnahmen bei Dachabläufen und Notentwässerungen (Quelle: Ishorst)*

Anlagenteil	Maßnahme	Durchführung	Zeitspanne
Dachabläufe (gedrosselt und nicht gedrosselt) und Notüberläufe nach DIN EN 1253-1	Inspektion	Prüfen auf ungehinderten Ein- und Ablauf auch der Notüberläufe. Reinigung der Schmutzfänge und Einlaufroste	6 Monate, insbesondere im Herbst, bei gedrosselten Dachabläufen 3 Monate
	Wartung	Funktionskontrolle der Beheizung. Bei Dachabläufen für das Druckentwässerungssystem ist auf korrekten Sitz der Funktionsteile zu achten. Bei gedrosselten Abläufen ist zusätzlich die Funktionsfähigkeit des Drosseleinsatzes zu überprüfen.	

Sonderfall Dachbegrünung

Die Dachbegrünung hat in den letzten Jahrzehnten aufgrund der ökologischen, funktionalen und gestalterischen Vorzüge erheblich an Bedeutung gewonnen. Stetig steigt die Zahl der Städteplaner, die vorrangig das Niederschlagswasser über Gründächer verdunsten wollen, zugunsten von City-Kühlung und Luftbefeuchtung im Sommer.

Bild 10: *Dachbegrünung (Quelle: ZinCo GmbH)*

Die exakte Planung und Ausführung der Regenentwässerungsanlagen von begrünten Dachflächen stellen höchste Anforderungen an die beteiligten Fachleute. Eine genaue Koordination zwischen Architekt, Statiker, Dachbegrünungsfachmann sowie Sanitärplaner und Fachinstallateur ist die wichtigste Vorrausetzung für einwandfrei funktionierende und sicherere Regenentwässerungsanlagen bei Dachbegrünungen.

Die FLL Dachbegrünungsrichtlinien

Für Dachbegrünungen gelten grundsätzlich die Vorgaben der FLL Dachbegrünungsrichtlinien „Richtlinien für die Planung, Bau und Instandhaltung von Dachbegrünungen“, Ausgabe 2018, der Forschungsgesellschaft Landschaftsentwicklung Landschaftsbau e. V., Bonn.

Die Dachbegrünungsrichtlinien gelten für Intensivbegrünungen, Einfache Intensivbegrünungen und Extensivbegrünungen auf Dächern und Decken, z. B. Hallendächern, Dachterrassen, Tiefgaragen und anderen Bauwerksdecken mit einer Überdeckungshöhe bis 2,0 m.

Intensivbegrünungen

Intensivbegrünungen sind nur durch eine intensive Pflege mit regelmäßiger Wasser- und Nährstoffversorgung dauerhaft zu erhalten. Die verwendeten Pflanzen stellen sehr hohe Ansprüche an den Schichtaufbau der Dachbegrünung. Intensivbegrünungen können z. B. aus Stauden, Gräsern, Gehölzen, im Einzelfall auch Bäumen sowie Rasenflächen bestehen.

Einfach Intensivbegrünungen

Einfache Intensivbegrünungen sind i. d. R. mit Gräsern, Stauden und Gehölzen ausgebildet. Die verwendeten Pflanzen stellen geringere Ansprüche an den Schichtaufbau. Der Herstellungsaufwand und die Pflegemaßnahmen sind grundsätzlich geringer als bei der Intensivbegrünung.

Extensivbegrünungen

Extensivbegrünungen sind naturnah angelegte Vegetationsformen, die sich weitgehend selbst erhalten und weiterentwickeln. Deshalb werden Pflanzen mit besonderer Anpassung an die mitunter extremen Standortbedingungen und hoher Regenerationsfähigkeit verwendet. Extensivbegrünungen sind mit relativ niedrigem Aufwand herstellbar. Im Normalfall ist der Pflegeaufwand sehr gering.

Hinweis

Dächer mit extensiver Begrünung können im Jahresmittel etwa 60 bis 90 % des Gesamtniederschlags zurückhalten; intensiv begrünte Dächer können Werte bis zu 99 % erreichen.

Örtliche Bedingungen wie die Niederschlagsmenge, Lufttemperatur und Luftfeuchtigkeit sowie die Vorsättigung des Substrats und die Häufigkeit der Niederschlagsereignisse haben einen Einfluss auf die Regenrückhaltefähigkeit des Daches.

Das Wasserspeichervermögen kann je nach Dachbegrünungssystem bei extensiv begrünten Dächern etwa zwischen 20 und 50 l/m² variieren; bei intensiv begrünten Dächern etwa zwischen 40 und 320 l/m². Mit zunehmendem Wasserspeichervermögen erhöht sich die statische Belastung des Daches durch die Dachbegrünung.

Regenentwässerung bei Dachbegrünungen

Regenentwässerungsanlagen bei Dachbegrünungen müssen in Übereinstimmung mit der DIN 1986-100 „Entwässerungsanlagen für Gebäude und Grundstücke", Ausgabe Dezember 2016, und der DIN EN 12056-3 „Schwerkraftentwässerungsanlagen innerhalb von Gebäuden – Dachentwässerung, Planung und Bemessung", Ausgabe Januar 2001, geplant und ausgeführt werden.

Die Entwässerung von Dachbegrünungen muss durch den Schichtaufbau und über die Oberfläche sichergestellt sein.

Gemäß den FLL Dachbegrünungsrichtlinien unterscheidet man bei Dachbegrünungen grundsätzlich folgende Formen der Entwässerung:

- Ablaufstellen innerhalb der Vegetationsfläche
- Ablaufstellen außerhalb der Vegetationsfläche
- getrennte Entwässerung von begrünten und vegetationsfreien Flächen
- Entwässerung bei Kehldächern
- Entwässerung über die Dach-Traufe

Jedem Entwässerungstiefpunkt auf dem Dach muss neben dem Ablauf eine Notentwässerung zugeordnet werden.

Ein statischer Nachweis für Dächer mit Dachbegrünungen muss unter Berücksichtigung der Sollwassertiefe für die Notentwässerung erfolgen (siehe DIN 1986-100, Abschnitt 5.8.3).

Die Regenentwässerung kann über Freispiegelsysteme oder planmäßig vollgefüllt betriebenen Regenwasserleitungen mit Druckströmung erfolgen.

Bei planmäßig vollgefüllt betriebenen Regenwasserleitungen mit Druckströmung ist Folgendes zu beachten:

- Bei sehr kleinen Dachflächen mit Begrünung ist zu prüfen, ob der Regenwasserabfluss (Q) in (l/s) ausreichend ist, die notwendige Selbstreinigungsfähigkeit sicherzustellen.
- In einem Druckentwässerungssystem ist die Kombination von Dachflächen mit unterschiedlicher Abflussverzögerung (Abflussbeiwerte), z. B. Intensivbegrünungen/Extensivbegrünungen oder bekieste/unbekieste Dächer, zu vermeiden (siehe DIN 1986-100, Abschnitt 6.4).
- Dachbegrünungen mit flächigem Wasseranstau in der Drainschicht sind Sonderformen und separat mit Freispiegelsystemen zu entwässern (siehe DIN 1986-100, Abschnitt 5.8.3).
- Die regelmäßige Wartung der Regenentwässerungsanlage gemäß DIN 1986-3 muss sichergestellt werden.

Nach den FLL Dachbegrünungsrichtlinien sind folgende Entwässerungseinrichtungen bei Dachbegrünungen relevant:

- Dachabläufe
- innen liegende Entwässerungsrinnen
- Rinnen vor Türen
- Dachrinnen
- Wasserspeier
- Notabläufe
- Notüberläufe

Bei Dachbegrünungen müssen die Entwässerungseinrichtungen das Oberflächenwasser von der Vegetationsschicht sowie das Überschusswasser aus der Drainschicht sicher ableiten können.

Alle Entwässerungseinrichtungen müssen jederzeit frei zugänglich sein. Dach- und Notabläufe sowie Notüberläufe sind von Überschüttungen, z. B. mit Kies, freizuhalten. Entwässerungsrinnen dürfen nicht durch Überwachsungen in ihrer Funktion beeinträchtigt werden.

Dachabläufe innerhalb von Vegetationsflächen sind zum Schutz vor Verunreinigungen bzw. dem Zuwachsen durch die Begrünung grundsätzlich durch einen Kontrollschacht zu schützen oder mit einem mindestens 50 cm breiten Kiesstreifen und einem Laubfangkorb zu sichern.

Bild 11: *Zweiteiliger Gussablauf mit Kontrollschacht bei Intensivbegrünung (Quelle: ACO Passavant GmbH)*

Dachabläufe außerhalb von Vegetationsschichten werden i. d. R. in Kiesstreifen angeordnet. Die Dachabläufe sind zum Schutz vor Verunreinigungen mit einem Laubfangkorb zu sichern.

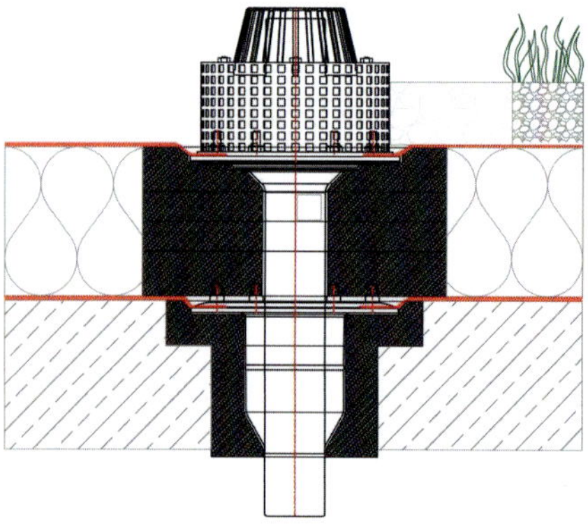

Bild 12: *Zweiteiliger Edelstahl-Ablauf mit Laubfangkorb und Kontrollschacht in Kiesstreifen bei Extensivbegrünung (Quelle: Saint-Gobain HES GmbH)*

Bei begehbaren Flächen sind die Dachabläufe mit Aufsatzteilen zu versehen. Die Abdeckungen müssen bündig mit dem Flächenbelag abschließen.

Die Entwässerung von geneigten begrünten Dächern erfolgt i. d. R. über Außen- oder Innendachrinnen bzw. Wasserspeier.

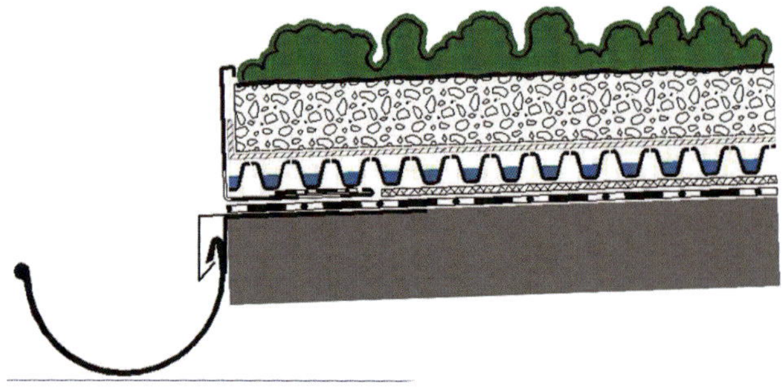

Bild 13: *Traufentwässerung bei geneigtem begrünten Dach (Quelle: ZinCo GmbH)*

Notentwässerung bei Dachbegrünung

Für die Notentwässerung können Notüberläufe (z. B. Öffnungen in der Attika) oder Notabläufe mit Rohrsystemen eingesetzt werden. Rohrsysteme zur Notentwässerung sind als Freispiegelsysteme oder als planmäßig vollgefüllt betriebene Systeme mit Druckströmung zu bemessen.

Die Notentwässerung darf nicht an die Entwässerungsanlage angeschlossen werden, sondern muss mit freiem Auslauf auf schadlos überflutbare Grundstücksflächen abgeleitet werden.

Der Zufluss zu den Notüberläufen/Notabläufen darf durch den Schichtaufbau der Dachbegrünung, Randeinfassungen oder sonstige Hindernisse nicht beeinträchtigt werden. Der Nahbereich der Notüberläufe/ Notabläufe ist so zu gestalten, dass das Wasser ungehindert abfließen kann und jederzeit eine Sichtkontrolle möglich ist. Dieser Bereich ist von Bewuchs frei zu halten.

Bemessung von Regenentwässerungsanlagen bei Dachbegrünungen

Für Regenentwässerungsanlagen bei Dachbegrünungen gelten die Bemessungsgrundsätze der DIN 1986-100 und der DIN EN 12056-3.

Zur Bemessung sollten die Spitzenabflussbeiwerte $\boldsymbol{C_S}$ gemäß den Dachbegrünungsrichtlinien Abschnitt 9.3.4 verwendet werden.

Tabelle 4: *Tabelle Spitzenabflussbeiwerte C_S gemäß FLL Dachbegrünungsrichtlinien (Quelle: Ishorst)*

Aufbaudicke	Dachneigung bis 5°	Dachneigung größer 5°
> 50 cm	$C_S = 0{,}1$	
> 25–50 cm	$C_S = 0{,}2$	
> 15–25 cm	$C_S = 0{,}3$	
> 10–15 cm	$C_S = 0{,}4$	$C_S = 0{,}5$
> 6–10 cm	$C_S = 0{,}5$	$C_S = 0{,}6$
> 4–6 cm	$C_S = 0{,}6$	$C_S = 0{,}7$
> 2–4 cm	$C_S = 0{,}7$	$C_S = 0{,}8$

Inspektion und Wartung

Zur Gewährleistung einer dauerhaft einwandfreien Funktion müssen bei Dachabläufen und Notentwässerungen regelmäßige Inspektionen und Wartungen gemäß DIN 1986-3 „Regeln für Betrieb und Wartung“ durchgeführt werden. In der geltenden Norm vom Mai 2024 werden in Tabelle 1 Anforderungen an die Inspektion und Wartung von Dachabläufen und Notentwässerungen gestellt. Auf den Abschluss eines entsprechenden Wartungsvertrags wird hingewiesen.

Für die Pflege und Wartung der Dachbegrünungen gelten die Vorgaben der FLL Dachbegrünungsrichtlinien.

Retentionsentwässerung bei Flachdächern

Bei der Retentionsentwässerung wird das anfallende Niederschlagswasser nicht direkt vom Dach abgeleitet, sondern durch eine gedrosselte Entwässerung zurückgehalten. Hierbei erfolgt die planmäßige Regenwasserrückhaltung direkt auf dem Flachdach.

Die fortschreitende Flächenversiegelung durch Bebauung führt vielerorts zur Überlastung der öffentlichen Kanalsysteme bei Starkregenereignissen. Der kostenintensive Neubau oder die Erweiterung der öffentlichen Kanäle wäre die Folge, kann aber von den Kommunen und Gebietskörperschaften oftmals nicht geleistet werden. Zur Lösung des Problems können auf Grundstücken verschiedene Maßnahmen der dezentralen Regenwasserbewirtschaftung – wie z. B. Versickerungsanlagen, Stauraumkanäle, Regenrückhaltebecken oder die Regenwasserrückhaltung auf Flachdächern – eingesetzt werden.

Vielerorts gelten mittlerweile Einleitungsbeschränkungen beim Ableiten von Regenwasser in den öffentlichen Kanal, die eine dezentrale Regenwasserbewirtschaftung auf dem Grundstück erforderlich machen.

Retention leitet sich von dem lateinischen Wort „retinere“ ab und bedeutet Zurückbehaltung. Im Bereich der Regenentwässerung steht der Begriff Retention für die geplante Rückhaltung von Regenwasser.

Prinzip der Retentionsentwässerung bei Flachdächern

Die Vorschriften zur Dachentwässerung verfolgen eigentlich die Zielsetzung, das anfallende Regenwasser zügig vom Dach abzuleiten. Bei der Retentionsentwässerung wird das anfallende Niederschlagswasser allerdings nicht direkt vom Dach abgeleitet, sondern durch eine gedrosselte Entwässerung zurückgehalten.

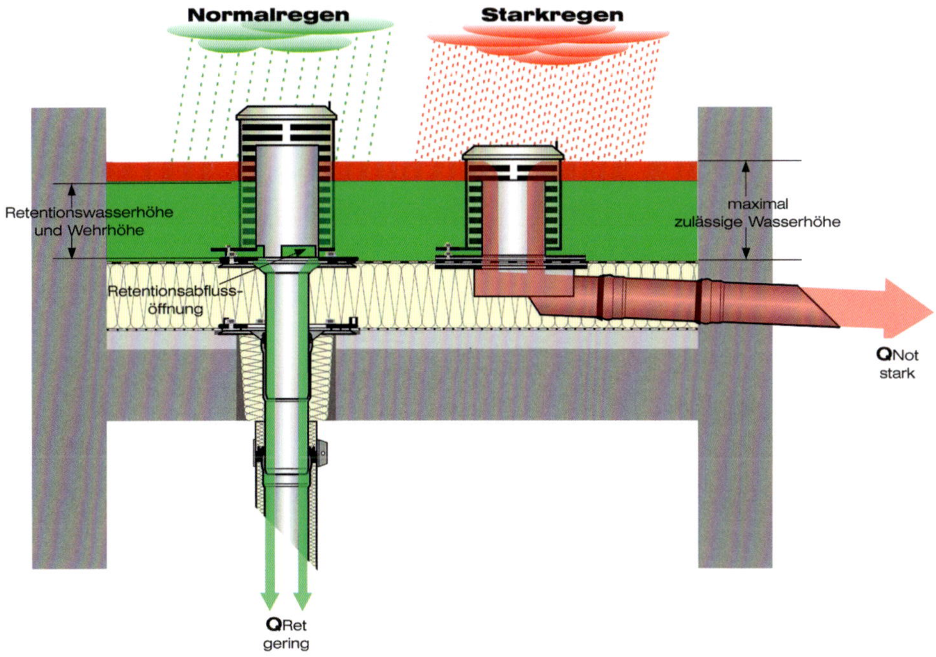

***Bild 14:** Funktionsprinzip Retentionsentwässerung (Quelle: LOROWERK)*

Zur Retentionsentwässerung werden größtenteils Dachabläufe mit speziellem Funktionsteil, zur exakten Justierung der reduzierten Ablaufleistung, eingesetzt.

Bild 15: *Retentionsablauf für Flachdächer (Quelle: LOROWERK)*

Die Dachabläufe müssen der DIN EN 1253-2 „Abläufe für Gebäude – Dachabläufe und Bodenabläufe ohne Geruchverschluss", Ausgabe März 2015, entsprechen. Der Hersteller des Dachablaufs muss durch Eigenprüfung die reduzierten Ablaufleistungen in Abhängigkeit von den Anstauhöhen ermitteln und den Anwendern zur Verfügung stellen.

Eine optimale Lösung bei der Regenwasserrückhaltung (Retention) auf Flachdächern ist die Kombination mit einer Dachbegrünung.

Planungs- und Bemessungsgrundsätze

Da bei Retentionsdächern mit höheren Lasten zu rechnen ist, sollte die Ausführung der Tragkonstruktion in Massivbauweise erfolgen. Hierbei muss die statische Last, die sich aus dem errechneten Regenrückhaltevolumen plus der Anstauhöhe für die Notentwässerung ergibt, sicher aufgenommen werden können. Zur Durchführung des Standsicherheitsnachweises müssen dem Statiker die errechneten Wasserstände und Gewichte mitgeteilt werden.

Retentionsdächer mit gedrosseltem Abflussvermögen sollten mit einem Gefälle von nahezu 0 % ausgeführt werden, damit sich das Regenwasser über die ganze Fläche gleichmäßig verteilen kann.

Gefällelose Dächer stellen in Deutschland keine Sonderlösung dar, sondern können in begründeten Fällen gemäß Flachdachrichtlinie und DIN 18531-1 „Abdichtung von Dächern sowie von Balkonen, Loggien und Laubengängen – Nicht genutzte und genutzte Dächer – Anforderungen, Planungs- und Ausführungsgrundsätze" geplant und ausgeführt werden.

Wenn die Regenwassermenge die maximal mögliche Retentionswasserhöhe überschreitet, muss eine Notentwässerung auf schadlos überflutbare Grundstücksflächen erfolgen. Deshalb muss jede Retentionsdachfläche über mindestens eine Notentwässerung verfügen. Aus Sicherheitsgründen sollte die Notentwässerung allein den Jahrhundertregen ($r_{5,100}$) sicher ableiten können.

Nur in Ausnahmefällen kann auf eine Notentwässerung verzichtet werden. Im Kommentar zur DIN 1986-100, Ausgabe 2016, heißt es hierzu: *„Nur bei planmäßig vorgesehener Regenrückhaltung auf Flachdächern in Massivbauweise, die dafür statisch berechnet sind, kann auf eine Notentwässerung verzichtet werden. Dabei sollte die Dachkonstruktion einen Einstau bis zur Attikahöhe aufnehmen können."*

Bei der Ermittlung der Retentionsflächen werden nur die Flächen berücksichtigt, auf denen sich Regenwasser anstaut. Flächen von Dachbauteilen – wie z. B. Lichtkuppeln – werden nicht als Retentionsflächen angerechnet.

Bei Retentionsdächern mit temporärer (zeitweiser) Rückhaltung sollte die Ermittlung des Rückhaltevolumens nach DWA Arbeitsblatt 117 „Bemessung von Regenrückhalteräumen", Ausgabe Dezember 2013, erfolgen.

Die Planung und Bemessung der Dachentwässerungsanlage sowie der Notentwässerung muss nach DIN 1986-100 „Entwässerungsanlagen für Gebäude und Grundstücke", Ausgabe Dezember 2016, sowie der DIN EN 12056-3 „Schwerkraftentwässerungsanlagen innerhalb von Gebäuden – Dachentwässerung, Planung und Bemessung", Ausgabe Januar 2001, erfolgen. Bei Dachbegrünungen gelten zusätzlich die Vorgaben der FLL-Dachbegrünungsrichtlinien „Richtlinien für Planung, Bau und Instandhaltung von Dachbegrünungen".

Hinweis

Zur Bemessung des Rückhaltevolumens sowie der Dach- und Notentwässerung müssen die aktuell gültigen Regenspenden des Deutschen Wetterdienstes **KOSTRA-DWD 2020** zugrunde gelegt werden.

Zusätzlich sind die Bestimmungen der Flachdachrichtlinie zu beachten.

Ausführung

Bei nicht begrünten Retentionsdächern gelten für die Dachausführung (Dampfsperre, Dämmung und Dachabdichtung etc.) die Vorschriften der „Flachdachrichtlinie". Bei begrünten Retentionsdächern gelten zusätzlich die Vorgaben der FLL-Dachbegrünungsrichtlinien „Richtlinien für Planung, Bau und Instandhaltung von Dachbegrünungen".

Durch das planmäßig angestaute Niederschlagswasser darf es zu keinem Wassereintritt bei Durchdringungen, An- und Abschlüssen, Ein- und Ausgängen oder in das Mauerwerk kommen. Deshalb soll das Dach bis zur Attikaoberkante wasserdicht ausgeführt werden.

Die Dachentwässerung sowie die Notentwässerung müssen nach den Vorschriften der DIN 1986-100 „Entwässerungsanlagen für Gebäude und Grundstücke" sowie der DIN EN 12056-3 „Schwerkraftentwässerungsanlagen innerhalb von Gebäuden – Dachentwässerung, Planung und Bemessung" ausgeführt werden. Bei der Entwässerung von begrünten Dächern gelten zusätzlich die Anforderungen der FLL-Dachbegrünungsrichtlinien „Richtlinien für Planung, Bau und Instandhaltung von Dachbegrünungen".

Bei Retentionsdächern mit Dachbegrünung darf der Zufluss zu den Notüberläufen/Notabläufen durch den Schichtaufbau der Dachbegrünung, Randeinfassungen oder sonstiger Hindernisse nicht beeinträchtigt werden. Der Nahbereich der Notüberläufe/Notabläufe ist so zu gestalten, dass das Wasser ungehindert abfließen kann und jederzeit eine Sichtkontrolle möglich ist. Dieser Bereich ist von Bewuchs frei zu halten.

Inspektion und Wartung

Zur Gewährleistung einer dauerhaft einwandfreien Funktion müssen bei Dachabläufen und Notentwässerungen regelmäßige Inspektionen und Wartungen gemäß DIN 1986-3 „Regeln für Betrieb und Wartung" durchgeführt werden. In der geltenden Norm vom Mai 2024 werden in Tabelle 1 Anforderungen an die Inspektion und Wartung von gedrosselten Dachabläufen gestellt. Auf den Abschuss eines entsprechenden Wartungsvertrags wird hingewiesen.

Hinweis

Tabelle 5: *Nach Tabelle 1 der DIN 1986-3, Ausgabe Mai 2024 – Inspektions- und Wartungsmaßnahmen (Quelle: Ishorst)*

Anlagenteil	Maßnahme	Durchführung	Zeitspanne
Dachabläufe (gedrosselt und nicht gedrosselt) und Notüberläufe nach DIN EN 1253-1	Inspektion	Prüfen auf ungehinderten Ein- und Ablauf auch der Notüberläufe. Reinigung der Schmutzfänge und Einlaufroste	6 Monate, insbesondere im Herbst, bei gedrosselten Dachabläufen 3 Monate
	Wartung	Funktionskontrolle der Beheizung. Bei Dachabläufen für das Druckentwässerungssystem ist auf korrekten Sitz der Funktionsteile zu achten. Bei gedrosselten Abläufen ist zusätzlich die Funktionsfähigkeit des Drosseleinsatzes zu überprüfen.	

Für Pflege und Wartung von Dachbegrünungen gelten die Vorgaben der FLL-Dachbegrünungsrichtlinien „Richtlinien für Planung, Bau und Instandhaltung von Dachbegrünungen".

Bei der Planung, Bemessung und Ausführung von Retentionsentwässerungsanlagen bei Flachdächern ist eine genaue Koordination zwischen Architekten, Sanitärfachleuten, Statikern sowie den beteiligten Bedachungs- und ggf. Begrünungsfachleuten erforderlich.

Retentionsentwässerung bei Gründächern

Im Gegensatz zu nicht begrünten Retentionsdächern bieten begrünte Retentionsdächer die besten Möglichkeiten, das anfallende Regenwasser durch Wasseraufnahme (Zwischenspeicherung im Substrat und der Drainageschicht) sowie durch große Verdunstungseffekte (Verbesserung des Stadtklimas) zu nutzen.

Zusätzlich bieten Dachbegrünungen noch folgende Vorteile:

- Einsparung von Energiekosten
- Einsparung von Abwassergebühren
- erhöhter Schallschutz
- Verlängerung der Dachlebensdauer
- Bindung von Staub und Schadstoffen
- erweiterter Lebensraum
- mehr nutzbare Freifläche

Bild 16: *Dachbegrünungen bieten optimale Voraussetzungen zur Regenwasserrückhaltung auf Flachdächern (Quelle: BuGG e. V.).*

Regenwassernutzung

Grundlagen

Der verantwortungsvolle Umgang mit der Ressource Wasser ist eine der größten Zukunftsaufgaben der Menschheit. Wasserreichtum ist selbst in Deutschland vielerorts nicht mehr selbstverständlich. Eine Maßnahme zur Ressourceneffizienz ist der Einsatz von Regenwasser- und Grauwassernutzungsanlagen.

Eine Reduzierung des Trinkwasserbedarfs und die Vermeidung der ungenutzten Ableitung von Regenwasser bzw. Grauwasser in die Kanalisation sind einschlägige Argumente für den Einsatz von Regenwasser- bzw. Grauwassernutzungsanlagen.

Das durch Regenwasser- und Grauwassernutzungsanlagen erzeugte Betriebswasser (Nicht-Trinkwasser) kann z. B. zur WC-Spülung, zum Wäschewaschen oder zur Pflanzenbewässerung eingesetzt werden.

Begriffe

Nach der DIN EN 16323:2014-07 „Wörterbuch für Begriffe der Abwassertechnik" gelten folgende Begriffe:

Betriebswasser (Nicht-Trinkwasser)

Nach den geltenden Normen für Regenwasser- bzw. Grauwassernutzungsanlagen handelt es sich bei Betriebswasser (Nicht-Trinkwasser) um *„Wasser, das zur Verwendung bereitgestellt wird, mit Ausnahme zur Verwendung als Trinkwasser, der Herstellung von Speisen und zur persönlichen Hygiene."*

Regenwasser

Regenwasser ist Wasser aus atmosphärischem Niederschlag, das noch keine Stoffe von Oberflächen aufgenommen hat.

Niederschlagswasser

Niederschlag, der nicht im Boden versickert und von Bodenoberflächen oder von Gebäudeaußenflächen in das Entwässerungssystem eingeleitet ist.

Grauwasser

Bei Grauwasser handelt es sich um häusliches Schmutzwasser ohne Abwasser aus Toiletten und Urinalen.

Aktuelle Regelwerke

Die wichtigsten Regelwerke für die Planung, Bemessung und den Bau von Regenwasser- und Grauwassernutzungsanlagen sind:

Tabelle 1: *Regelwerke zur Wasserversorgung (Quelle: Ishorst)*

Normenreihe DIN EN 806	Technische Regeln für Trinkwasser-Installationen
Normenreihe DIN 1988	Technische Regeln für Trinkwasser-Installationen
DIN EN 1717	Schutz des Trinkwassers vor Verunreinigungen in Trinkwasser-Installationen
DIN 2403	Kennzeichnung von Rohrleitungen nach dem Durchflussstoff
Trinkwasserverordnung – TrinkwV	Verordnung über die Qualität von Wasser für den menschlichen Gebrauch
AVBWasserV	Verordnung über Allgemeine Bedingungen für die Versorgung mit Wasser

Tabelle 2: *Regelwerke zur Betriebs- bzw. Nicht-Trinkwassernutzung (Quelle: Ishorst)*

DIN EN 16941-1	Vor-Ort-Anlagen für Nicht-Trinkwasser – Anlagen für die Verwendung von Regenwasser
DIN 1989-100	Regenwassernutzungsanlagen – Bestimmungen in Verbindung mit DIN EN 16941-1
DIN EN 16941-2	Vor-Ort-Anlagen für Nicht-Trinkwasser – Anlagen für die Verwendung von behandeltem Grauwasser
DWA-Merkblatt M 277	Hinweise zur Auslegung von Anlagen zur Behandlung und Nutzung von Grauwasser und Grauwasserteilströmen
fbr-Hinweisblatt H 202	Hinweise zur Auslegung von Anlagen zur Behandlung und Nutzung von Grauwasser und Grauwasserteilströmen

Tabelle 3: *Regelwerke zur Entwässerung (Quelle: Ishorst)*

DIN 1986-100	Entwässerungsanlagen für Gebäude und Grundstücke
DIN EN 12056, Teile 1–5	Schwerkraftentwässerungsanlagen innerhalb von Gebäuden
DIN EN 752	Entwässerungssysteme außerhalb von Gebäuden
Arbeitsblatt DWA-A 138	Planung, Bau und Betrieb zur Versickerung von Niederschlagswasser
DIN EN 13564-1	Rückstauverschlüsse für Gebäude – Anforderungen
DIN EN 12050-2	Abwasserhebeanlagen für fäkalienfreies Abwasser/Regenwasser

Meldepflicht

Der Einbau von Regenwasser- und Grauwassernutzungsanlagen ist in Deutschland meldepflichtig. Nach § 13 Abs. 4 der „Trinkwasserverordnung“ (TrinkwV) müssen die Errichtung und der Betrieb dem zuständigen Gesundheitsamt schriftlich angezeigt werden. Laut § 3 und 15 der „Allgemeinen Bedingungen für die Versorgung mit Wasser“ (AVBWasserV) besteht eine Mitteilungspflicht gegenüber dem örtlichen Wasserversorgungsunternehmen. Die kommunalen Abwassersatzungen sind zu berücksichtigen.

Kennzeichnung

In Deutschland sind Nicht-Trinkwasserleitungen gegenüber Trinkwasserleitungen – gemäß der Trinkwasserverordnung und der DIN 2403 „Kennzeichnung von Rohrleitungen nach dem Durchflussstoff“ – eindeutig und dauerhaft farblich unterschiedlich zu kennzeichnen.

Alle Entnahmestellen für Nicht-Trinkwasser müssen mit einem Schild „Kein Trinkwasser“ oder einem entsprechenden Symbol gekennzeichnet werden.

Am Hausanschluss der Trinkwasseranlage ist in der Nähe des Hauptabsperrventils oder des Wasserzählers ein Informationsschild anzubringen mit den Hinweisen auf das vorhandene Nicht-Trinkwassersystem sowie der Unzulässigkeit von Querverbindungen.

Bild 1: *Beschriftungsset für Regenwassernutzungsanlagen (Quelle: Otto Graf GmbH)*

Wirtschaftlichkeit/Amortisation

Bezüglich der Wirtschaftlichkeit/Amortisation müssen mindestens folgende Aspekte in Betracht gezogen werden:

- Einsparungen durch Trinkwasser-, Abwasser- bzw. Niederschlagsgebühren
- Zuschüsse durch Städte und Gemeinden
- Anschaffungskosten der Regenwasser- bzw. Grauwassernutzungsanlage
- Betriebskosten
- Reinigungs- und Wartungskosten
- evtl. Reparaturkosten

Eine Kalkulation bezüglich der Wirtschaftlichkeit/Amortisation sollte auf Basis einer möglichst realistischen Gegenüberstellung von Einsparungspotenzialen zu Anschaffungskosten und laufenden Kosten erfolgen. Die Höhe eines möglichen Zuschusses durch Städte und Gemeinden kann hierbei von entscheidender Bedeutung sein.

Bei allen Überlegungen zur Anschaffung einer Regenwasser- bzw. Grauwassernutzungsanlage sollte aber immer der Umweltgedanke im Vordergrund stehen.

Anforderungen an Regenwassernutzungsanlagen

Die Mindestanforderungen für die Planung und den Einbau sowie für die Kennzeichnung, Inbetriebnahme und Wartung von Regenwassernutzungsanlagen sind in der Euronorm DIN EN 16941, Teil 1, festgelegt.

Ausgenommen vom Anwendungsbereich sind:

- die Verwendung als Trinkwasser zur Herstellung von Speisen
- die Verwendung zur Körperhygiene
- dezentrale Rückhaltung
- Infiltration

Bild 2: *Regenwassernutzungsanlage (Quelle: fbr – Bundesverband für Betriebs- und Regenwasser e. V.)*

In einer Anmerkung zum Anwendungsbereich heißt es: „Konformität mit dieser Norm entbindet nicht von der Einhaltung der Auflagen, die sich aus örtlichen oder nationalen Vorschriften ergeben können." In Deutschland gelten für Regenwassernutzungsanlagen neben der DIN EN 16941, Teil 1, noch weitere Regelwerke, wie z. B. die DIN 1989-100 „Regenwassernutzungsanlagen – Bestimmungen in Verbindung mit DIN EN 16941-1" sowie die „Trinkwasserverordnung (TrinkwV)" und die „Verordnung über Allgemeine Bedingungen für die Versorgung mit Wasser (AVBWasserV)".

Nach Abschnitt 4 der DIN EN 16941, Teil 1, gelten folgende grundsätzlichen Anforderungen: *„Regenwassernutzungsanlagen müssen so geplant, eingebaut, gekennzeichnet, betrieben und gewartet werden, dass die notwendige Betriebssicherheit jederzeit sichergestellt ist und die erforderlichen Arbeiten zur Instandhaltung leicht durchgeführt werden können."*

Regenwassernutzungsanlagen bestehen i. d. R. aus folgenden, funktionalen Elementen:

- Sammlung des Regenwassers
- Behandlung
- Speicherung
- Verteilung des Nicht-Trinkwassers

Durch Regenwassernutzungsanlagen dürfen grundsätzlich keine Überflutungen verursacht werden. Überflutungen sind durch **ausreichend dimensionierte Überläufe** zu verhindern. Gemäß Abschnitt 5.3.9 der DIN EN 16941, Teil 1, soll das überschüssige Wasser in ein Oberflächengewässer abgeleitet oder versickert werden. Eine Ableitung in die Kanalisation sollte nur erfolgen, wenn keine andere Möglichkeit besteht.

Beim Anschluss an die Kanalisation ist der Überlauf mit einem Geruchverschluss zu versehen. Besteht die Gefahr des Rückstaus aus der Kanalisation, muss ein Rückstauverschluss in die Überlaufleitung eingebaut werden; ggf. ist das Überlaufwasser über eine Abwasserhebeanlage für fäkalfreies Abwasser nach DIN EN 12050-2 abzuleiten.

Beim Einbau eines Rückstauverschlusses in die Überlaufleitung sind nach DIN 1986-100, Tabelle 4, Rückstauverschlüsse nach DIN EN 13564-1 (Typen 0, 1, 2) zulässig.

Die Überlaufleitung ist so zu bemessen, dass der maximale Zulauf in den Speicher abgeleitet werden kann.

Zur Versickerung von Überlaufwasser aus Regenwasserspeichern heißt es im Abschnitt 4.2 der DIN 1989-100 wie folgt: *„Gestatten die vorhandenen Bodenverhältnisse eine Regenwasserversickerung, sollte das aus dem Speicher überlaufende Wasser nach DIN 4261-5 versickert werden. Die reduzierende Wirkung auf die Dimensionierung der Versickerungsanlage durch die Regenwassernutzung kann bei entsprechender Nachweisführung berücksichtigt werden."*

Bei Metalldächern müssen die landesspezifischen Regelungen zur Versickerung beachtet werden.

Im Abschnitt 5.1 der DIN EN 16941-1 wird darauf hingewiesen, dass eine **mögliche Ableitung von Schadstoffen** mit dem Regenwasser berücksichtigt werden muss.

Tabelle 4: *In Anlehnung an Tabelle 1 „Beispiele für potenzielle Auswirkungen der Auffangfläche auf die Qualität des gesammelten Regenwassers" der DIN EN 16941, Teil 1 (Quelle: Ishorst)*

Auffangfläche	Potenzielle Auswirkung
Gründach	Verfärbung
bitumenhaltiges Material	Verfärbung
Kupfer-, Blei- oder Zinkdach	erhöhte Schwermetall-konzentrationen

Über **Sammelrohrsysteme** soll das Regenwasser ungehindert von den Auffangflächen zur Speichereinrichtung mittels Schwerkraft- oder Unterdruckwirkung abfließen können. Die Planung, Bemessung und Verlegung der Sammelrohrsysteme erfolgt gemäß DIN 1986-100 „Entwässerungsanlagen für Gebäude und Grundstücke", Ausgabe Dezember 2016.

Behandlung von Regenwasser

Zur **Behandlung** des gesammelten Regenwassers heißt es im Abschnitt 5.2.1 der DIN EN 16941, Teil 1, wie folgt: *„Hauptaufgabe der Behandlung ist die Sicherstellung einer bestimmten Wasserqualität, abhängig von der beabsichtigten Verwendung. Zusatzaufgaben sind der Schutz der Bauteile der Anlage sowie die Reduzierung des Wartungsaufwands. Die Behandlung darf biologische, chemische und physikalische Prozesse umfassen, oder eine Kombination aus diesen. Die Behandlung muss vor, in oder ggf. nach der Speichereinrichtung erfolgen."*

Folgende Verfahren stehen für die Behandlung des gesammelten Regenwassers zur Verfügung:

- zulaufseitige Rückhaltung grober Partikel (Vorreinigung)
- Rückhaltung von Feinpartikeln durch Sedimentation und Flotation im Speicher
- Filterung nach der Speicherung, abhängig von der beabsichtigten Verwendung des Nicht-Trinkwassers

Die Vorreinigung – z. B. durch Filter oder Abscheider – muss vor der Speichereinrichtung erfolgen und darf aus mehr als einer Vorrichtung bestehen. Durch die Vorreinigung soll das Eindringen von groben Partikeln und organischen Stoffen in die Speichereinrichtung verhindert werden. Beim Gebrauch des Nicht-Trinkwassers in Innenräumen darf die Partikelgröße 1,0 mm nicht überschreiten. Werden Feststoffe zurückgehalten, sind diese manuell zu entfernen.

Bild 3: *Universal Gewerbe Filter 3 extern (Quelle: Otto Graf GmbH)*

Eine zusätzliche Desinfektion, Desodorierung und/oder Entfärbung des gespeicherten Regenwassers ist vorzusehen, wenn der beabsichtigte Verwendungszweck eine höhere Qualität des Nicht-Trinkwassers erfordert.

Die Aufbereitungsanlage muss mindestens über einen hydraulischen Wirkungsgrad von 90 % verfügen.

Anforderungen an Filter

Alle wichtigen Anforderungen und Prüfverfahren zu Filtern von Regenwassernutzungsanlagen sind im Abschnitt 6 der DIN 1989-100 enthalten.

Grundsätzlich müssen die Filter von Regenwassernutzungsanlagen so konstruiert sein, dass Fremdstoffe sicher zurückgehalten werden. Sie müssen im Speicherzulauf – außerhalb oder innerhalb des Regenwasserspeichers – angeordnet werden.

Filter sind wie folgt hinsichtlich ihrer Bauart, ihrem Einbauort und Funktionsprinzip zu unterscheiden:

- Systeme mit separater Ableitung von Fremdstoffen
- Systeme mit Rückhaltung von Fremdstoffen innerhalb des Filters in definierten Rückhalteräumen

Filter i. S. d. Norm müssen aus einem Filtergehäuse sowie einem oder mehreren mechanisch wirkenden Filtereinsätzen bestehen.

Bedingt durch die unterschiedlichen Funktionsprinzipien, wird in der Norm eine Typisierung für Filter in Tabelle 2 vorgenommen.

Tabelle 5: *Tabelle Filtertypen entsprechend DIN 1989-100 (Quelle: Ishorst)*

Filterart	Funktionsprinzip		
	Filter mit mechanischer Filtration und Sedimentation		Filter mit mechanischer Filtration ohne Einstauvolumen
	großes Einstauvolumen	kleines Einstauvolumen *	
mit Fremdstoffrückhalt	Typ A	Typ B	
mit Fremdstoffableitung	Typ A	Typ B	Typ C **

* Sedimentationseinsatz manuell entnehmbar

** Alle Filter mit Fremdstoffableitung ohne planmäßige Sedimentations- und Rückhaltewirkung sind in Typ C einzuordnen.

Bezüglich Einbau, Betrieb und Wartung von Filtern heißt es im Abschnitt 6.4. der DIN 1989-100 wie folgt: *„Alle Filter müssen vom Hersteller mit einer ausreichenden Produktbeschreibung, insbesondere der Funktionsweise, sowie einer Einbau-, Betriebs- und Wartungsanleitung versehen werden und nach diesen installiert, betrieben und gewartet werden.“*

Speichereinrichtungen

Jede Regenwassernutzungsanlage muss über mindestens eine **Speichereinrichtung** verfügen. Speichereinrichtungen dürfen ober- oder unterirdisch installiert werden.

Die Hauptaufgaben der Speichereinrichtungen sind:

- die Bereitstellung von Nicht-Trinkwasser, angepasst an den beabsichtigten Verwendungszweck und die Sammelkapazität
- die Wasserbehandlung durch Sedimentation und Flotation
- den Schutz der Wasserqualität sicherzustellen

Bei der Installation der Speichereinrichtung müssen die Wasserdichtheit und Standsicherheit sowie der Frostschutz berücksichtigt werden.

Die Nennkapazität ist das maximale Wasservolumen, das von der Speichereinrichtung zurückgehalten werden kann. Sie ist vom Hersteller oder Planer mit einer maximalen Abweichung von ± 0,1 m^3 anzugeben.

Vom Hersteller der Speichereinrichtung müssen die Nennweiten der Anschlussstücke für Zu- und Auslauf angegeben werden. Um eine Resuspension von Feststoffen – hervorgerufen durch Verwirbelungen des Wassers – zu verhindern, muss ein beruhigter Zulauf in die Speichereinrichtung erfolgen.

Bezüglich Inspektions-, Wartungs- und Reparaturarbeiten muss die Zugänglichkeit zur Speichereinrichtung jederzeit gewährleistet sein.

Bild 4: *Regenwassernutzungsanlage zur Gartenbewässerung (Quelle: Otto Graf GmbH)*

Die Anforderungen an Regenwasserspeicher von Regenwassernutzungsanlagen werden im Abschnitt 7 der DIN 1989-100 beschrieben. Im Einzelnen betrifft das Maße und Grenzabmaße, Einbau und Montage sowie Prüfungen für oberirdische und unterirdische Regenwasserspeicher.

Druckpumpen

Um die Versorgung mit Nicht-Trinkwasser an den Entnahmestellen sicherzustellen, werden i. d. R. Saug-/Druckpumpen eingesetzt. Diese müssen mit einem Trockenlaufschutz ausgerüstet sein. Druckstöße und Stoßwellen, die unzulässig hohe Drücke verursachen können, sind durch den Einbau von Ausdehnungsgefäßen oder Druckregeleinrichtungen zu verhindern.

Werden **Tauchpumpen (Unterwasserpumpen)** eingesetzt, müssen diese nach Abschnitt 5.5.2 der DIN EN 16941, Teil 1, folgende Anforderungen erfüllen:

- Oberhalb der Ansaugstelle ist ein Mindestwasserstand zu berücksichtigen, um zu verhindern, dass Luft, Sedimente oder Schwimmstoffe mit eingesaugt werden.
- Damit das Rohr wassergefüllt bleibt, muss ein Rückschlagventil installiert werden.
- Die Pumpe muss ohne Spezialwerkzeuge und ohne Betreten des Speichers entfernt und ausgetauscht werden können (wichtig bei Reparatur- und Wartungsarbeiten).

Beim Einbau von **nicht-getauchten Pumpen (Pumpen für Trockenaufstellung)** müssen gemäß Abschnitt 5.5.3 folgende Anforderungen erfüllt werden:

- Die Ansaugrohre müssen luftdicht sein.
- Durch eine hydraulisch günstige Installation der Ansaugrohre sollen unnötig hohe Reibungsverluste vermieden werden.
- Die Ansaugrohre sind mit Steigung zur Pumpe zu verlegen.
- Damit das Ansaugrohr gefüllt bleibt, muss ein Rückschlagventil installiert werden.
- Der Wassereinlauf ist so zu konstruieren, dass ein Einsaugen von Luft oder Sedimenten vermieden wird.
- Der Standort der Pumpe muss gut gelüftet sein.
- Bei der Montage der Pumpe müssen Maßnahmen zum Schall- und Vibrationsschutz berücksichtigt werden.

Durch die erforderliche Pumpensteuerung erfolgt eine automatische Kontrolle des Pumpenbetriebs. Die Steuerung muss eine manuelle Bedienung ermöglichen.

Anlagensteuerung

Zusätzlich sollte eine Regenwassernutzungsanlage mit einer Anlagensteuerung ausgestattet sein. Folgende Informationen muss der Benutzer erhalten:

- den Status der Wasserversorgung (Nicht-Trinkwasser oder Reservewasser)
- alle Fehlfunktionen, wie z. B. Ausfall der Pumpe oder der Reservewasserversorgung

Weitere Parameter, wie z. B. Wasserverbrauch, Wasserstand in der Speichereinrichtung oder Tanktemperatur können ebenfalls angezeigt werden.

Im Abschnitt 8 der DIN 1989-100 befinden sich die Anforderungen und Prüfverfahren zu Regenwassersystemsteuerungen.

Die Regenwassersystemsteuerungen von Regenwassernutzungsanlagen betreffen Vorlagebehälter, Pumpe, Speicherbehälter und die Nachspeisung.

Die Nachspeisung muss entsprechend DIN EN 16941-1 erfolgen. Zusätzlich müssen hierbei in Deutschland die Vorgaben der Trinkwasserverordnung beachtet werden.

Einige Hersteller bieten komplette Anlagen (Hauswasserwerke) mit allen erforderlichen Anlagenteilen an.

Bild 5: *Druckerhöhungsanlage zur Regenwassernutzung (Quelle: WILO SE)*

Nach Abschnitt 5.8 der DIN EN 16941, Teil 1, ist die Aufgabe der **Verteilung** die Versorgung der Entnahmestellen mit Nicht-Trinkwasser sowie die Möglichkeit, diese mit Reservewasser zu versorgen. Hierbei müssen die Unversehrtheit und der Schutz von öffentlichen und privaten Trinkwasseranlagen gewährleistet sein.

Nicht-Trinkwasser darf unter keinen Umständen in die Trinkwasseranlage zurückfließen, da dies eine unmittelbare Gefahr für die Trinkwasserqualität darstellt. Gemäß § 17 der Trinkwasserverordnung sind zu diesem Zweck Sicherheitseinrichtungen nach den allgemein anerkannten Regeln der Technik (a. a. R. d. T.) einzubauen.

Muss eine kontinuierliche Versorgung der Entnahmestellen – auch während längerer Trockenperioden – gewährleistet sein, ist eine Trinkwassernachspeisung erforderlich. Hierbei muss die Nachspeisung über eine Sicherheitseinrichtung, entsprechend DIN EN 1717 (freier Auslauf Typen AA, AB, AD), erfolgen.

Die Planung, Rohrdimensionierung und Ausführung von häuslichen Wasserverteilungssystemen muss gemäß der Normenreihen DIN EN 806 und DIN 1988 „Technische Regeln für Trinkwasser-Installationen" erfolgen.

Einbau von Regenwassernutzungsanlagen

Die Anforderungen für den Einbau von Regenwassernutzungsanlagen werden im Abschnitt 7 der DIN EN 16941, Teil 1, beschrieben.

Der Einbau von Bauelementen sowie die Installationsarbeiten sind in Übereinstimmung mit den geltenden Regelwerken durchzuführen.

Bei Verwendung von vorgefertigten Bauteilen muss der Einbau unbedingt nach den Einbau- bzw. Montageanleitungen der Hersteller erfolgen.

Beim Einbau von unterirdischen Einrichtungen sind folgende Faktoren zu berücksichtigen:

- Bodenfestigkeit und Stabilität
- Bodenverunreinigung
- Nähe zu Versorgungsleitungen und Fundamenten
- zusätzliche statische Lasten (z. B. Verkehrslasten)
- bestehende Rohrleitungen und Kabel
- Zugänglichkeit

Inbetriebnahme, Inspektion und Wartung

Die Vorgaben zur Inbetriebnahme von Regenwassernutzungsanlagen werden im Abschnitt 9 der DIN EN 16941-1 beschrieben. Hierzu heißt es: *„Die vollständig installierte Regenwassernutzungsanlage muss vor Inbetriebnahme nach den Vorgaben der Planung, Standards und Herstelleranleitungen überprüft werden. Das Verteilungssystem muss gespült und auf Wasserdichtheit und Querverbindungen zwischen Trink- und Nicht-Trinkwasserleitungen untersucht werden."*

Die zugehörige elektrische Installation und Regelanlage müssen ebenfalls nach den geltenden Normen und nationalen Vorschriften überprüft werden.

Die Inbetriebnahme ist schriftlich zu dokumentieren. Ein Vorschlag für ein „Inbetriebnahmeblatt" befindet sich im Anhang C der DIN EN 16941-1. Die vollständige Dokumentation ist dem Eigentümer der Regenwassernutzungsanlage auszuhändigen.

Die Angaben zur Inspektion und Wartung von Regenwassernutzungsanlagen befinden sich im Abschnitt 11 und Anhang D der Norm.

Vorteile der Nutzung von Regenwasser

Folgende vielfältige Argumente sprechen für die Nutzung von Regenwasser als Nicht-Trinkwasser:

- Einsparungen an Trinkwasser- und Niederschlagsgebühren
- Durch die Einsparung von Trinkwasser werden die mittlerweile begrenzten Ressourcen an wertvollem Trinkwasser geschont, auch weil
- Trinkwasser einfach zu schade ist für die Gartenbewässerung, das Wäschewaschen und zur Toilettenspülung,
- kalkfreies Regenwasser bekömmlicher für Pflanzen ist und weniger Waschmittel erfordert,
- Regenwassertanks eine Rückhaltefunktion übernehmen und das Wasser dosiert an das Kanalnetz abgeben,
- Regenwassernutzung Energie sparen hilft (Transport- und Aufbereitungskosten von Trinkwasser),
- Regenwasser auch in trockenen Sommern meistens in ausreichender Menge zur Verfügung steht und
- in einigen Städten und Gemeinden Zuschüsse für Regenwassernutzungsanlagen bewilligt werden.

Bemessung von Regenwassernutzungsanlagen

Bei der Bemessung von Regenwassernutzungsanlagen sind zwei Parameter von entscheidender Bedeutung: der **Ertrag** aus dem Regenwasser, das gesammelt werden kann, und der **Bedarf** an Nicht-Trinkwasser.

Folgende Faktoren sind zur Bemessung der Speichereinrichtung zu berücksichtigen:

- die Niederschlagsdaten am Standort
- die Größe und Art der Niederschlags-Auffangflächen
- die Anzahl und Art der beabsichtigten Anwendungen
- der hydraulische Filterwirkungsgrad

Zu den Berechnungsverfahren heißt es im Abschnitt 6.1.4 der DIN EN 16941-1 wie folgt: *„Für die Bemessung der Kapazität von Regenwassernutzungsanlagen stehen verschiedene nationale und internationale Berechnungsverfahren zur Verfügung. Diese dürfen verwendet werden.“*

Im Anhang A der Norm werden folgende Berechnungsverfahren aufgeführt:

- ein vereinfachter Ansatz für Projekte mit regelmäßigem Bedarf und Ertrag; oder
- ein detaillierter Ansatz für große und komplexe Projekte und/oder Projekte mit unregelmäßigem Bedarf und Ertrag

Der vereinfachte Ansatz wird für Ein- und Mehrfamilienhäuser, Büro- und Verwaltungsgebäude sowie Gewerbe- und Industriegebäude mit nachgewiesener gleichmäßiger Verbrauchsstruktur angewendet.

Gemäß Anhang A der DIN EN 16941, Teil 1, sollte beim vereinfachten Ansatz der **jährliche Regenwasserertrag** nach folgender Gleichung (A.1) ermittelt werden:

$$Y_R = A \times h \times e \times \eta$$

Dabei ist:

Y_R	der jährliche Regenwasserertrag in (l)
A	die horizontale Projektion der Auffangfläche in (m^2)
h	der jährliche Gesamtniederschlag in (mm) am Standort
e	der Oberflächenertragsbeiwert
η	der Beiwert zum hydraulischen Wirkungsgrad der Behandlung

Daten zum jährlichen Gesamtniederschlag am Standort erhält man beim Deutschen Wetterdienst http://www.dwd.de.

Die anzuwendenden Oberflächenertragsbeiwerte befinden sich in Tabelle 2 der DIN 16941, Teil 1.

Tabelle 6: *In Anlehnung an Tabelle 2 „Oberflächenertragsbeiwerte“ der DIN EN 16941, Teil 1 (Quelle: Ishorst)*

Auffangfläche	Oberflächenertragsbeiwert *(e)*
geneigte glatte Dachoberfläche (z. B. Metall, Glas, Schiefer, glasierte Fliesen, Sonnenkollektoren)	0,9
geneigte raue Dachoberfläche (z. B. Betondachstein)	0,8
Flachdach ohne Kies	0,8
Flachdach mit Kies	0,7
Gründach, intensiv (z. B. Garten)	0,3
Gründach, extensiv	0,5
ANMERKUNG: Diese Beiwerte können verwendet werden, wenn keine anderen Werte vorliegen.	

Der Oberflächenertragsbeiwert ***(e)*** nach DIN EN 16941, Teil 1, und der Abflussbeiwert ***(C)*** nach DIN 1986-100 sind zwei völlig unterschiedliche Werte, wobei der Oberflächenertragsbeiwert zur Ermittlung des Regenwasserertrags, der Abflussbeiwert zur hydraulischen Bemessung von Regenentwässerungsanlagen verwendet wird.

Der Beiwert zum hydraulischen Wirkungsgrad η ist das Verhältnis des Verbrauchs von behandeltem Wasser zum Zufluss des gesammelten Regenwassers. Falls der Beiwert nicht anders durch den Hersteller festgelegt ist, kann er für Systeme ohne zusätzliche Behandlung mit 0,9 angenommen werden.

Berechnungsbeispiel 1

Gegeben:

A die horizontale Projektion der Auffangfläche = 150 m^2

h der jährliche Gesamtniederschlag in (mm) (Beispiel Bonn = 742 mm = 742 l/m^2)

e der Oberflächenertragsbeiwert = 0,9 für geneigte glatte Dachoberfläche

η der Beiwert zum hydraulischen Wirkungsgrad der Behandlung = 0,9

Gesucht: Y_R = der jährliche Regenwasserertrag in (l)
Gleichung: $Y_R = A \times h \times e \times \eta$
Lösung: $Y_R = 150{,}00\ m^2 \times 742\ l/m^2 \times 0{,}9 \times 0{,}9$
Ergebnis: Y_R = 90.153 Liter

Nach Anhang A der DIN EN 16941-1 sollte beim vereinfachten Ansatz der **jährliche Bedarf an Nicht-Trinkwasser** nach folgender Gleichung (A.2) berechnet werden:

$D_{p,a} = D_{p,d} \times n \times 365$

Dabei ist:

$D_{p,a}$ der jährliche Bedarf an Nicht-Trinkwasser in (l/a)

$D_{p,d}$ der tägliche Bedarf an Nicht-Trinkwasser in (l) je Person und Tag

n die Anzahl der Personen in dem/den angeschlossenen Gebäude(n)

Zusätzlich muss der maximale nicht personengebundene Bedarf an Nicht-Trinkwasser $D_{f,d}$ – z. B. zur Gartenbewässerung – berücksichtigt werden.

Im Abschnitt 4.1 der DIN 1989-100 sind in der Tabelle 1 „Orientierungswerte zur Ermittlung des jährlichen Nicht-Trinkwasserbedarfs" enthalten. Hierbei handelt es sich um Werte, die sich in Deutschland schon über einen längeren Zeitraum bewährt haben.

Tabelle 7: *Tabelle „Orientierungswerte für den Tagesbedarf an Nicht-Trinkwasser je Person" entsprechend DIN 1989-100 (Quelle: Ishorst)*

Verbraucher	personenbezogener Tagesbedarf
Toiletten im Haushalt *	24 Liter/Person × Tag
Toiletten im Bürobereich*	12 Liter/Person × Tag
Toiletten in Schulen*	6 Liter/Person × Tag
Textilwaschmaschine	15 Liter/Person × Tag

* Bei Toiletten sollten grundsätzlich nur wassersparende Ausführungen angeschlossen werden, wie z. B. 6 l mit Zwei-Mengen-Spülsystemen. Zur Erhöhung des Deckungsgrads können 4,5-l-Toiletten bei entsprechenden hydraulischen Verhältnissen genutzt werden.

Tabelle 8: *Tabelle „Orientierungswerte für den flächenbezogenen Nicht-Trinkwasserbedarf" entsprechend DIN 1989-100 (Quelle: Ishorst)*

Art der zu bewässernden Grünfläche	spezifischer Jahresbedarf in l/m^2
Gartenbewässerung (Nutzgarten, Grünanlagen)	60
Sportanlagen*	200**
Grünland bei leichtem Boden*	100 bis 200 **
Grünland bei schwerem Boden*	80 bis 150 **

* Bewässerung oder Beregnung während der Vegetationszeit von April bis September

** Gesamtmenge für 6 Monate

Das ***Nutzvolumen des Speichers*** zur Sicherstellung der Versorgung während der gewählten Trockenperiode wird beim vereinfachten Ansatz anhand der folgenden Gleichungen (A.3 und A.4 der DIN EN 16941, Teil 1) bestimmt:

$D_{N,d} = D_{p,d} \times n + D_{f,d}$

$V = D_{N,d} \times d_d$

Dabei ist:

$D_{N,d}$ der tägliche Bedarf an Nicht-Trinkwasser in (l/d)

$D_{p,d}$ der tägliche Bedarf an Nicht-Trinkwasser in (l/d) je Tag und Person

$D_{f,d}$ der tägliche maximale flächenbezogene Bedarf an Nicht-Trinkwasser in (l/d)

n die Anzahl der Personen in dem/den angeschlossenen Gebäude(n)

V das Nutzvolumen des Speichers in (l)

d_d Die gewählte Trockenperiode in Tagen (für Deutschland 21 Tage)

Berechnungsbeispiel 2 (Einfamilien-Wohnhaus)

Gegeben:

$D_{p,d}$ 24 l für Toilettenspülung + 10 l für Wäschewaschen = 34 l je Person und Tag

n 4 Personen

$D_{f,d}$ 50 l/d zur Gartenpflege

d_d die gewählte Trockenperiode = 21 Tage

Gesucht: $D_{N,d}$ = der tägliche Bedarf an Nicht-Trinkwasser in (l/d) sowie

V = das Nutzvolumen des Speichers in (l)

Gleichung: $D_{N,d} = D_{p,d} \times n + D_{f,d}$

$V = D_{N,d} \times d_d$

Lösung: $D_{N,d} = (34 \times 4) + 50 = 186$ Liter/Tag

V = 186 l/d × 21 Tage

Ergebnis: V = 3.906 l (Nutzvolumen Speicher)

Im informativen Anhang A der DIN 1989-100 befindet sich ein Vorschlag für ein Berechnungsformular zur Ermittlung von Regenwasserertrag, Betriebswasserbedarf und Nutzvolumen von Regenwasserspeichern.

Regenwassersammel- und Wasserverteilungssysteme

Sammelrohrsysteme müssen entsprechend DIN 1986-100 „Entwässerungsanlagen für Gebäude und Grundstücke“ bemessen werden.

Die Rohrdimensionierung von häuslichen Wasserverteilungssystemen muss gemäß den Normenreihen DIN EN 806 und DIN 1988 „Technische Regeln für Trinkwasser-Installationen“ erfolgen.

Anhang

Dieses Werk ist als **Print- und Premium-Ausgabe** verfügbar. Sofern Sie sich mit Ihrer Bestellung für die Premium-Ausgabe entschieden haben, erhalten Sie zahlreiche einsatzfertige Vorlagen und Arbeitshilfen zum Download. Der entsprechende Link wird an die bei Ihrer Bestellung angegebene E-Mail-Adresse übermittelt.

Upgrade für Print-Abonnenten

Sie sind Abonnent der Print-Ausgabe und möchten die zusätzlichen Vorteile der Premium-Ausgabe nutzen?

Melden Sie sich hierzu ganz einfach bei unserem Kundenservice unter: **08233/381-123** oder **service@forum-verlag.com**.

Formelverzeichnis mit Berechnungstool

Hinweis

Abonnenten der Premium-Ausgabe gelangen im E-book über den Link ⇨ **Direkt zur Berechnung** automatisch auf das Berechnungstool der jeweiligen Formel.

Bemessung von Hebeanlagen

Fördermenge Q_{tot} oder Q_{ges}

$Q_{tot} = Q_{ww} + Q_c$ (l/s)

Dabei ist:

Q_{tot}	der Gesamtschmutzwasserabfluss in (l/s)
Q_{ww}	der Schmutzwasserabfluss in (l/s)
Q_c	der Dauerabfluss in (l/s)

⇨ Direkt zur Berechnung Gleichung_01.xlsx

Schmutzwasserabfluss Q_{ww}

$Q_{ww} = K \times (\Sigma DU)^{0,5}$ (l/s)

Dabei ist:

Q_{ww}	der Schmutzwasserabfluss in (l/s)
K	die Abflusskennzahl
Σ DU	die Summe der Anschlusswerte

⇨ Direkt zur Berechnung Gleichung_02.xlsx

Fördermenge Q_r bei Regenwasserhebeanlagen

$Q_r = r_{(D,T)} \times C_S \times A / 10.000$ (l/s)

Dabei ist:

Q_r	der Regenwasserabfluss in (l/s)
$r_{(D,T)}$	die Berechnungsregenspende in l/(s × ha) am Gebäudestandort nach Tabelle A.1 der DIN 1986-100 oder nach KOSTRA-DWD 2020
C_S	der Spitzenabflussbeiwert (dimensionslos) aus Tabelle 9 der DIN 1986-100
A	die im Grundriss projizierte Regeneinzugsfläche in (m^2)

⇨ Direkt zur Berechnung Gleichung_03.xlsx

Bemessung der Druckleitungen

Gesamtförderhöhe der Pumpe H_{tot}

$H_{tot} = H_{geo} + H_V$

mit $H_V = H_{V,A} + H_{V,R}$

Dabei ist:

H_{tot}	Gesamtförderhöhe in (m)
H_{geo}	geodätische Förderhöhe in (m)
H_V	Druckhöhenverlust in (m)
$H_{V,A}$	Druckhöhenverlust in Armaturen und Formstücken in (m)
$H_{V,R}$	druckseitige Rohrreibungsverluste in (m)

⇨ Direkt zur Berechnung Gleichung_04.xlsx

Druckhöhenverlust $H_{V,A}$

$H_{V,A} = \sum \zeta \times v^2 \times 0,5 / g$

Dabei ist:

$H_{V,A}$	Druckverlust in Armaturen und Formstücken in (m)
ζ	Verlustbeiwerte für Armaturen und Formstücke nach Tabelle 3 der DIN EN 12056-4
v	Strömungsgeschwindigkeit in (m/s)
g	Fallbeschleunigung = 9,81 in (m/s^2)

⇨ Direkt zur Berechnung Gleichung_04.xlsx

Druckseitige Rohrreibungsverluste $H_{V,R}$

$H_{V,R} = \sum (H_{v,j} \times L_j)$	
Dabei ist:	
$H_{V,R}$	Rohrreibungsverlust in (m)
$H_{V,j}$	dimensionsloser Druckhöhenverlust bezogen auf die Rohrlänge nach Tabelle A.1 bzw. Bild 9 (Diagramm) der DIN EN 12056-4
L_j	Rohrleitungslänge in (m)

⇨ Direkt zur Berechnung Gleichung_04.xlsx

Bemessung von Regenentwässerungsanlagen nach DIN 1986-100

Regenabwasserabfluss

$Q_r = r_{(D,T)} \times C_S \times A/10.000$ (l/s)	
Dabei ist:	
Q_r	der Regenwasserabfluss in (l/s)
$r_{(D,T)}$	die Berechnungsregenspende in l/(s × ha) am Gebäudestandort nach KOSTRA-DWD 2020
C_S	der Spitzenabflussbeiwert (dimensionslos) aus Tabelle 9 der DIN 1986-100
A	die wirksame, im Grundriss projizierte Fläche in (m²)

⇨ Direkt zur Berechnung Gleichung_05.xlsx

Überflutungsnachweis

Ermittlung der zurückgehaltenen Regenwassermenge $V_{Rück}$

$V_{Rück} = (r_{(D,30)} \times A_{ges} - [r_{(D,2)} \times A_{Dach} \times C_{S,Dach} + r_{(D,2)} \times A_{FaG} \times C_{S,FaG}]) \times D \times 60 \times 10^{-7}$	
Dabei ist:	
$V_{Rück}$	die zurückzuhaltende Regenwassermenge in (m³)
D	die maßgebende Regendauer in Minuten nach Tabelle 4 des DWA-Arbeitsblatts 118, sonst 5 Minuten
C_S	der Spitzenabflussbeiwert (Tabelle 9 der DIN 1986-100)
A_{ges}	die gesamte befestigte Fläche des Grundstücks in (m²)
A_{Dach}	die gesamte Gebäudedachfläche in (m²)
A_{FaG}	die gesamte befestigte Fläche außerhalb der Gebäude in (m²)

⇨ Direkt zur Berechnung Gleichung_06.xlsx

Maximaler Abfluss bei Vollfüllung Q_{voll}

$$V_{Rück} = (r_{(D,30)} \times A_{ges} \times 10^{-4} - Q_{Voll}) \times D \times 60 \times 10^{-3}$$

⇨ Direkt zur Berechnung Gleichung_06.xlsx

Regenrückhalteräume bei Einleitungsbeschränkungen

Regenrückhalteraum V_{RRR}

$V_{RRR} = A_u \times r_{(D,T)} \times 10^{-4} \times D \times f_Z \times 0{,}06 - D \times f_Z \times Q_{Dr} \times 0{,}06$	
Dabei ist:	
V_{RRR}	das Volumen des Regenrückhalteraums in (m³)
A_u	die abflusswirksame Grundstücksfläche im (m²)
$r_{(D,T)}$	die Regenspende in l/(s × ha)
D	die maßgebende Regendauer in (min)
f_Z	das mittlere Risikomaß mit dem Zuschlagsfaktor $f_Z = 1{,}15$ (einfaches Verfahren nach DWA-A 117)
Q_{Dr}	der Drosselabfluss in (l/s)

⇨ Direkt zur Berechnung Gleichung_07.xlsx

Drosselabfluss Q_{Dr}

$$Q_{Dr} = A_u \times \text{Drosselabflussspende} \times 10^{-4}$$

⇨ Direkt zur Berechnung Gleichung_07.xlsx

Praktische Regenrückhaltung

Überflutungshöhe $h_ü$

$h_ü = V_{Rück}/A_{FaG} \times 100$	
Dabei ist:	
$h_ü$	Überflutungshöhe in (cm)
$V_{Rück}$	zurückzuhaltende Regenwassermenge in (m³)
A_{FaG}	gesamte befestigte Fläche außerhalb der Gebäude in (m²)

⇨ Direkt zur Berechnung Gleichung_08.xlsx

Überflutungshöhe für symmetrisch geneigte Flächen

$h_ü = (V_{Rück}/L_{Rück} \times J \times 100)^{0,5}$	
Dabei ist:	
$h_ü$	Überflutungshöhe in (cm)
$V_{Rück}$	zurückzuhaltende Regenwassermenge in (m^3)
$L_{Rück}$	Länge der symmetrisch geneigten Fläche in (m)
J	Neigung in (%) oder (cm/m)

⇨ Direkt zur Berechnung Gleichung_08.xlsx

Erforderliche Länge Stauraumkanal L_{Stau}

$L_{Stau} = V_{Rück}/A_{Kanal}$	
Dabei ist:	
L_{Stau}	erforderliche Länge des Stauraumkanals in (m)
$V_{Rück}$	zurückzuhaltende Regenwassermenge in (m^3)
A_{Kanal}	innere Querschnittfläche des Stauraumkanals in (m^2)

⇨ Direkt zur Berechnung Gleichung_08.xlsx

Bemessung von dezentralen Versickerungsanlagen

Summe aller an die Versickerungsanlage angeschlossenen Teilflächen

$AC = \Sigma (A_{E,b,a,i} \times C_i) + \Sigma (A_{E,nb,a,i} \times C_i)$	
Dabei ist:	
AC	Summe aller an die Versickerungsanlage angeschlossenen Teilflächen, multipliziert mit dem jeweils zugehörigen Abflussbeiwert (m^2)
$A_{E,b,a,i}$	angeschlossene befestigte Teilfläche (m^2)
$A_{E,nb,a,i}$	angeschlossene nicht befestigte Teilfläche (m^2)
C_i	Abflussbeiwert der Teilfläche

⇨ Direkt zur Berechnung Gleichung_09.xlsx

Zufluss zur Versickerungsanlage Q_{zu}

$Q_{zu} = r_{D(n)} \times (AC + A_{VA}) \times 10^{-4}$	
Dabei ist:	
Q_{zu}	der Zufluss zur Versickerungsanlage während der Dauerstufe D in (l/s)
$r_{D(n)}$	die Regenspende der Dauerstufe D und Wiederkehrzeit n in l/(s × ha)
A_{va}	die überregnete Fläche einer oberirdischen Versickerungsanlage in (m^2)
AC	Rechenwert für die Bemessung der sich aus der Summe aller an die Versickerungsanlage angeschlossenen Teilflächen, multipliziert mit dem jeweils zugehörigen mittleren Abflussbeiwert C_m, ergibt in (m^2)

⇨ Direkt zur Berechnung Gleichung_10.xlsx

Versickerungsleistung Q_S

$Q_S = k_i \times A_S \times 10^3$	
Dabei ist:	
Q_S	Versickerungsrate in (l/s)
A_S	erforderliche Versickerungsfläche in (m^2) (anlagenspezifisch)
k_i	bemessungsrelevante Infiltrationsrate nach Gleichung 5 in (m/s)

⇨ Direkt zur Berechnung Gleichung_11.xlsx

Infiltrationsrate k_i

$k_i = k \times f_k$

⇨ Direkt zur Berechnung Gleichung_11.xlsx

Resultierender Korrekturfaktor für die Wasserdurchlässigkeit f_k

$f_k = f_{Ort} \times f_{Methode} \leq 1$	
Dabei ist:	
f_{Ort}	Korrekturfaktor zum Kenntnisstand der Variabilität der Bodenverhältnisse sowie der Anzahl der durchgeführten Versuche/Probenahmen vor Ort nach Tabelle 10 des DWA-A 138-1
$F_{Methode}$	Korrekturfaktor für die Bestimmungsmethode (methodenspezifische Unsicherheiten der Ergebnisse durch unterschiedliche Versuchsverfahren) nach Tabelle 11 des DWA-A 138-1

⇨ Direkt zur Berechnung Gleichung_11.xlsx

Erforderliches Speichervolumen

$V_{VA} = (Q_{zu} - Q_S - Q_{Dr}) \times D \times 60 \times f_Z \times f_A \times 10^{-3}$	
Dabei sind:	
V_{VA}	das erforderliche Speichervolumen in (m^3)
Q_{zu}	der Zufluss zur Versickerungsanlage während der Dauerstufe D in (l/s)
Q_S	die Versickerungsleistung in (l/s)
Q_{Dr}	der Drosselabfluss in l/s (z. B. gemäß Einleitungsbeschränkung in den Straßenkanal)
D	die Dauerstufe in (min)
f_Z	der Zuschlagsfaktor nach DWA-A 117 (empfohlen zwischen 1,1 und 1,2)
f_A	der Abminderungsfaktor nach DWA-A 117 (i. d. R. = 1,0)

⇨ Direkt zur Berechnung Gleichung_12.xlsx

Jahresregenwasservolumen $V_{R,aM}$

$V_{R,aM} = h_{Na} \times A_{b,a} \times \Psi_{aM} \times 10$	
Dabei ist:	
h_{Na}	Jahresniederschlagshöhe in (mm/a)
$A_{b,a}$	angeschlossene befestigte Fläche in (ha)
Ψ_{aM}	Jahresabflussbeiwert (dimensionslos)

⇨ Direkt zur Berechnung Gleichung_13.xlsx

Stoffabtrag $B_{R,a,AFS63,i}$ durch Niederschlagswasser

$$B_{R,a,AFS63,i} = A_{b,a,i} \times b_{R,a,AFS63,i} \text{ (in kg/a)}$$

Der Stoffabtrag des Gebiets beträgt:

$$B_{R,a,AFS63} = \Sigma\, B_{R,a,AFS63,i} \text{ (in kg/a)}$$

Der resultierende flächenspezifische Stoffabtrag des betrachteten Gebiets ergibt sich zu:

$$b_{R,a,AFS63} = B_{R,a,AFS63} / \Sigma\, A_{b,a,i} \text{ (in kg/(ha} \times \text{a))}$$

Wirkungsgrad η_{erf} von Behandlungsmaßnahmen bei Überschreiten des flächenspezifisch zulässigen Stoffabtrages

$$\eta_{erf} = 1 - (b_{R,a,zulAFS63} / b_{R,a,AFS63}) \text{ (–)}$$

oder

$$\eta_{erf} = [1 - (b_{R,a,zulAFS63} / b_{R,a,AFS63})] \times 100 \text{ (in \%)}$$

Der resultierende Stoffaustrag $\boldsymbol{B}_{R,a,AFS63,i}$ nach einer Behandlungsanlage ergibt sich bei dezentraler Behandlung für einzelne Teilflächen zu:

$$B_{R,a,AFS63,i} = A_{b,a,i} \times (1 - \eta_i) \times b_{R,a,AFS63,i} \text{ (in kg/a)}$$

Notentwässerung

Mindestabflussvermögen der Notentwässerung Q_{NOT}

$Q_{NOT} = (r_{(5,100)} - r_{(5,5)} \times C_S) \times A/10.000$ (l/s)	
Dabei ist:	
Q_{NOT}	das Mindestabflussvermögen der Notentwässerung in (l/s)
$r_{(5,100)}$	der über 5 min zu erwartende Jahrhundertregen am Gebäudestandort nach KOSTRA-DWD 2020 in l/(s × ha)
$r_{(5,5)}$	die über 5 min am Gebäudestandort zu erwartende 5-jährige Berechnungsregenspende nach KOSTRA-DWD 2020 in l/(s × ha)
C_S	der Spitzenabflussbeiwert nach Tabelle 9 der DIN 1986-100
A	Dachfläche in (m^2)

⇨ Direkt zur Berechnung Gleichung_14.xlsx

Abflussvermögen der Notentwässerung

$Q_{NOT} = r_{(5,100)} \times A / 10.000$ (l/s)	
Dabei ist:	
Q_{NOT}	das Mindestabflussvermögen der Notentwässerung in (l/s)
$r_{(5,100)}$	der über 5 min zu erwartende Jahrhundertregen am Gebäudestandort nach KOSTRA-DWD 2020 in l/(s × ha)
$r_{(5,5)}$	die über 5 min am Gebäudestandort zu erwartende 5-jährige Berechnungsregenspende nach Tabelle A.1 der DIN 1986-100 oder nach KOSTRA-DWD 2020 in l/(s × ha)
A	Dachfläche in Quadratmeter (m^2)

⇨ Direkt zur Berechnung Gleichung_14.xlsx

Wassertiefe im Hochpunkt

Ist der Hochpunkt einer Notentwässerungsströmung weiter als 10 m vom Notüberlauf/Notablauf entfernt oder liegen Notüberläufe/Notabläufe weiter als 20 m auseinander, ist die Wassertiefe im Hochpunkt der Notentwässerungsströmung mindestens mit dem zweifachen Wert für die erforderliche Druckhöhe h am Notüberlauf/Notablauf anzunehmen:

$W = 2 \times h$ (mm)

Dabei ist:

W	die Wassertiefe der Notentwässerungsströmung in mm
h	die Druckhöhe am Notüberlauf bzw. Notablauf in mm

⇨ Direkt zur Berechnung Gleichung_15.xlsx

Größe der Notüberläufe

$L_W = Q_{NOT} \times 24.000/h^{1,5}$ (mm)

Dabei ist:

L_W	die Breite des Notüberlaufs in mm
h	die Druckhöhe am Notüberlauf in mm
Q_{NOT}	das Abflussvermögen des Notüberlaufs in (l/s)

⇨ Direkt zur Berechnung Gleichung_15.xlsx

Bemessung von Regenwassernutzungs-anlagen

Jährlicher Regenwasserertrag

$Y_R = A \times h \times e \times \eta$

Dabei ist:

Y_R	der jährliche Regenwasserertrag in (l)
A	die horizontale Projektion der Auffangfläche in (m^2)
h	der jährliche Gesamtniederschlag in (mm) am Standort
e	der Oberflächenertragsbeiwert
η	der Beiwert zum hydraulischen Wirkungsgrad der Behandlung

⇨ Direkt zur Berechnung Gleichung_16.xlsx

Jährlicher Bedarf an Nicht-Trinkwasser

$D_{p,a} = D_{p,d} \times n \times 365$

Dabei ist:

$D_{p,a}$	der jährliche Bedarf an Nicht-Trinkwasser in (l/a)
$D_{p,d}$	der tägliche Bedarf an Nicht-Trinkwasser in (l) je Person und Tag
n	die Anzahl der Personen in dem/den angeschlossenen Gebäude(n)

⇨ Direkt zur Berechnung Gleichung_17.xlsx

Nutzungsvolumen des Speichers

$D_{N,d} = D_{p,d} \times n + D_{f,d}$

$V = D_{N,d} \times d_d$

Dabei ist:

$D_{N,d}$	der tägliche Bedarf an Nicht-Trinkwasser in (l/d)
$D_{p,d}$	der tägliche Bedarf an Nicht-Trinkwasser in (l/d) je Tag und Person
$D_{f,d}$	der tägliche maximale flächenbezogene Bedarf an Nicht-Trinkwasser in (l/d)
n	die Anzahl der Personen in dem/den angeschlossenen Gebäude(n)
V	das Nutzvolumen des Speichers in (l)
d_d	Die gewählte Trockenperiode in Tagen (für Deutschland 21 Tage)

⇨ Direkt zur Berechnung Gleichung_18.xlsx

Downloadverzeichnis

Bearbeitbare Arbeitshilfen

- Antrag auf Installation und Betrieb einer Regenwassernutzungsanlage
- Arbeitshilfe zur Prüfung und Wartung von Dränanlagen
- Checkliste Druckstromentwässerung
- Checkliste Eigenvorsorge Grundstücksentwässerung
- Checkliste zu Entwässerungs- und Dränarbeiten
- Checkliste Regenwasser im Bebauungsplan (für Kommunen)
- Checkliste Regenwassernutzung
- Checkliste Verlegung von Entwässerungsrohren
- Checkliste Inbetriebnahme Entwässerungsanlage
- Flächenbewertung nach Belastungskategorie
- Wartungsprotokoll Entwässerungsanlage
- Wartungsprotokoll Versickerungsanlage
- Wartungsvertrag

Gesetze

- AVBWasserV
- BauGB
- EG-WRRL
- GrwV
- OGewV
- TrinkwV
- WHG

Weitere Arbeitshilfen

Zusätzlich sind Arbeitshilfen von anderen Institutionen aufgenommen, die Sie bei der Planung unterstützen. Dabei handelt es sich z.B. um weiterführende Planungshinweise.

Weiterführende Links

- Wetter und Klima - Deutscher Wetterdienst - Leistungen - KOSTRA-DWD
- BMWSB - Startseite - Hochwasserschutzfibel - Objektschutz und bauliche Vorsorge

Literaturverzeichnis und weiterführende Informationen

- DIN 1045-2 (2023): Tragwerke aus Beton, Stahlbeton und Spannbeton – Teil 2: Beton – Festlegung, Eigenschaften, Herstellung und Konformität. DIN Media GmbH, Berlin.
- DIN 1986-3 (2024): Entwässerungsanlagen für Gebäude und Grundstücke – Teil 3: Regeln für Betrieb und Wartung. DIN Media GmbH, Berlin.
- DIN 1986-100 (2016): Entwässerungsanlagen für Gebäude und Grundstücke – Teil 100: Bestimmungen in Verbindung mit DIN EN 752 und DIN EN 12056. DIN Media GmbH, Berlin.
- DIN 1988 Normenreihe: Technische Regeln für Trinkwasser-Installationen. DIN Media GmbH, Berlin.
- DIN 2403 (2018): Kennzeichnungen von Rohrleitungen nach dem Durchflussstoff. DIN Media GmbH, Berlin.
- DIN 4020 (2020): Geotechnische Untersuchungen für bautechnische Zwecke – Ergänzende Regelungen zu DIN EN 1997-2. DIN Media GmbH, Berlin.
- DIN 4040-100 (2016): Abscheideranlagen für Fette – Teil 100: Anwendungsbestimmungen für Abscheideranlagen für Fette nach DIN EN 1825-1 und DIN EN 1825-2. DIN Media GmbH, Berlin.
- DIN 4095 (1990): Baugrund – Dränung zum Schutz baulicher Anlagen – Planung, Bemessung und Ausführung. DIN Media GmbH, Berlin.
- DIN 4095-1 (2024): Baugrund – Dränung zum Schutz baulicher Anlagen – Teil 1: Begriffe und Wassereinwirkungen; Normentwurf, als Ersatz für DIN 4095:1990-06 vorgesehen. DIN Media GmbH, Berlin.
- DIN 18130-2 (2015): Baugrund, Untersuchung von Bodenproben – Bestimmung des Wasserdurchlässigkeitsbeiwerts – Teil 2: Feldversuche. DIN Media GmbH, Berlin.
- DIN 18196 (2023): Erd- und Grundbau – Bodenklassifikation für bautechnische Zwecke. DIN Media GmbH, Berlin.
- DIN 18300 (2019): VOB Vergabe- und Vertragsordnung für Bauleistungen – Teil C: Allgemeine Technische Vertragsbedingungen für Bauleistungen (ATV) – Erdarbeiten. DIN Media GmbH, Berlin.
- DIN 18308 (2019): VOB Vergabe- und Vertragsordnung für Bauleistungen – Teil C: Allgemeine Technische Vertragsbedingungen für Bauleistungen (ATV) – Drän- und Versickerarbeiten. DIN Media GmbH, Berlin.

- DIN 18531-1 Entwurf (2024): Abdichtung von Dächern sowie von Balkonen, Loggien und Laubengängen – Nicht genutzte und genutzte Dächer – Anforderungen, Planungs- und Ausführungsgrundsätze. DIN Media GmbH, Berlin.
- DIN 18533-1 (2017): Abdichtung von erdberührten Bauteilen – Teil 1: Anforderungen, Planungs- und Ausführungsgrundsätze. DIN Media GmbH, Berlin.
- DIN 18533-2 Entwurf (2023): Abdichtung von erdberührten Bauteilen – Teil 2: Abdichtung mit bahnenförmigen Abdichtungsstoffen. DIN Media GmbH, Berlin.
- DIN 18533-3 Entwurf (2023): Abdichtung von erdberührten Bauteilen – Teil 3: Abdichtung mit flüssig zu verarbeitenden Abdichtungsstoffen. DIN Media GmbH, Berlin.
- DIN 19682-2 (2014): Bodenbeschaffenheit – Felduntersuchungen – Teil 2: Bestimmung der Bodenart. DIN Media GmbH, Berlin.
- DIN 31051 (2019): Grundlagen der Instandhaltung. DIN Media GmbH, Berlin.
- DIN EN 206 (2021): Beton – Festlegung, Eigenschaften, Herstellung und Konformität. DIN Media GmbH, Berlin.
- DIN EN 752 (2017): Entwässerungssysteme außerhalb von Gebäuden – Kanalmanagement. DIN Media GmbH, Berlin.
- DIN EN 806 Normenreihe: Technische Regeln für Trinkwasser-Installationen – Teil 1-5. DIN Media GmbH, Berlin.
- DIN EN 1253-1 (2015): Abläufe für Gebäude - Teil 1: Bodenabläufe mit Geruchverschluss mit einer Geruchverschlusshöhe von mindestens 50 mm. DIN Media GmbH, Berlin.
- DIN EN 1253-2 (2015): Abläufe für Gebäude: Dachabläufe und Bodenabläufe ohne Geruchverschluss. DIN Media GmbH, Berlin.
- DIN EN 1717 (2011): Schutz des Trinkwassers vor Verunreinigungen in Trinkwasser-Installationen und allgemeine Anforderungen an Sicherungseinrichtungen zur Verhütung von Trinkwasserverunreinigungen durch Rückfließen. DIN Media GmbH, Berlin.
- DIN EN 1825-2 (2002): Abscheideranlagen für Fette – Teil 2: Wahl der Nenngrößen, Einbau, Betrieb und Wartung. DIN Media GmbH, Berlin.
- DIN EN 1997-2 (2010): Eurocode 7: Entwurf, Berechnung und Bemessung in der Geotechnik – Teil 2: Erkundung und Untersuchung des Baugrunds. DIN Media GmbH, Berlin.
- DIN EN 1997-2/NA:2010-12: Nationaler Anhang – National festgelegte Parameter – Eurocode 7: Entwurf, Berechnung und Bemessung in der Geotechnik – Teil 2: Erkundung und Untersuchung des Baugrunds. DIN Media GmbH, Berlin.
- DIN EN 12050-1 (2015): Abwasserhebeanlagen für die Gebäude- und Grundstücksentwässerung – Teil 1: Fäkalienhebeanlagen. DIN Media GmbH, Berlin.
- DIN EN 12050-2 (2015): Abwasserhebeanlagen für die Gebäude- und Grundstücksentwässerung – Teil 2: Abwasserhebeanlagen für fäkalienfreies Abwasser. DIN Media GmbH, Berlin.
- DIN EN 12050-3 (2015): Abwasserhebeanlagen für die Gebäude- und Grundstücksentwässerung – Teil 3: Hebeanlagen zur begrenzten Verwendung. DIN Media GmbH, Berlin.
- DIN EN 12056-1 (2001): Schwerkraftentwässerungsanlagen innerhalb von Gebäuden – Teil 1: Allgemeine und Ausführungsanforderungen. DIN Media GmbH, Berlin.
- DIN EN 12056-2 (2001): Schwerkraftentwässerungsanlagen innerhalb von Gebäuden – Teil 2: Schmutzwasseranlagen; Planung und Berechnung. DIN Media GmbH, Berlin.
- DIN EN 12056-3 (2001): Schwerkraftentwässerungsanlagen innerhalb von Gebäuden – Teil 3: Dachentwässerung, Planung und Bemessung. DIN Media GmbH, Berlin.
- DIN EN 12056-4 (2001): Schwerkraftentwässerungsanlagen innerhalb von Gebäuden – Teil 4: Abwasserhebeanlagen; Planung und Bemessung. DIN Media GmbH, Berlin.
- DIN EN 12056-5 (2001): Schwerkraftentwässerungsanlagen innerhalb von Gebäuden – Teil 5: Installation und Prüfung, Anleitung für Betrieb, Wartung und Gebrauch. DIN Media GmbH, Berlin.
- DIN EN 13306 (2018): Instandhaltung – Begriffe der Instandhaltung. DIN Media GmbH, Berlin.
- DIN EN 13564-1 (2002): Rückstauverschlüsse für Gebäude – Teil 1: Anforderungen. DIN Media GmbH, Berlin.
- DIN EN 13564-2 (2003): Rückstauverschlüsse für Gebäude – Teil 2: Prüfverfahren. DIN Media GmbH, Berlin.
- DIN EN ISO 14688-1 (2020): Geotechnische Erkundung und Untersuchung – Benennung, Beschreibung und Klassifizierung von Boden – Teil 1: Benennung und Beschreibung. DIN Media GmbH, Berlin.
- DIN EN ISO 14689 (2018): Geotechnische Erkundung und Untersuchung – Benennung, Beschreibung und Klassifizierung von Fels. DIN Media GmbH, Berlin.
- DIN EN 16323 (2014): Wörterbuch für Begriffe der Abwassertechnik. DIN Media, Berlin.
- DIN EN 16941-1 (2024): Vor-Ort-Anlagen für Nicht-Trinkwasser – Teil 1: Anlagen für die Verwendung von Regenwasser. DIN Media GmbH, Berlin.

- DIN EN 16941-2 (2021): Vor-Ort-Anlagen für Nicht-Trinkwasser - Teil 2: Anlagen für die Verwendung von behandeltem Grauwasser. DIN Media GmbH, Berlin.
- DIN EN ISO 22475-1 (2022): Geotechnische Erkundung und Untersuchung – Probenentnahmeverfahren und Grundwassermessungen – Teil 1: Technische Grundlagen für die Probenentnahme von Boden, Fels und Grundwasser. DIN Media GmbH, Berlin.
- DIN EN ISO 22476-1 (2023): Geotechnische Erkundung und Untersuchung – Felduntersuchungen – Teil 1: Drucksondierungen mit elektrischen Messwertaufnehmern und Messeinrichtungen für den Porenwasserdruck. DIN Media GmbH, Berlin.
- DIN EN ISO 22476-2 (2012): Geotechnische Erkundung und Untersuchung – Felduntersuchungen – Teil 2: Rammsondierungen. DIN Media GmbH, Berlin.
- DIN EN ISO 22476-4 (2021): Geotechnische Erkundung und Untersuchung – Felduntersuchungen – Teil 4: Vorgebohrter Pressiometerversuch nach Menard. DIN Media GmbH, Berlin.
- DIN EN ISO 22476-5 (2023): Geotechnische Erkundung und Untersuchung – Felduntersuchungen – Teil 5: Pressiometerversuch in Vorbohrungen. DIN Media GmbH, Berlin.
- DIN EN ISO 22476-7 (2013): Geotechnische Erkundung und Untersuchung – Felduntersuchungen – Teil 7: Seitendruckversuch. DIN Media GmbH, Berlin.
- DIN EN ISO 22476-14 (2020): Geotechnische Erkundung und Untersuchung – Felduntersuchungen – Teil 14: Bohrlochrammsondierung. DIN Media GmbH, Berlin.
- DWA/M 102 Reihe: Grundsätze zur Bewirtschaftung und Behandlung von Regenwetterabflüssen zur Einleitung in Oberflächengewässer. DWA, Hennef.
- DWA-A 117 (2013): Bemessung von Regenrückhalteräumen. DWA, Hennef.
- DWA-A 118 (2024): Bewertung der hydraulischen Leistungsfähigkeit von Entwässerungssystemen. DWA, Hennef.
- DWA-A 138-1 (2024): Anlagen zur Versickerung von Niederschlagswasser – Teil 1: Planung, Bau und Betrieb". DWA, Hennef.
- DWA-M 179-1 (Entwurf 2024): Dezentrale Anlagen zur Niederschlagswasserbehandlung – Allgemeines sowie Einleitung in Oberflächengewässer. DWA, Hennef.
- FLL-Dachbegrünungsrichtlinien (2018): Richtlinien für Planung, Bau und Instandhaltung von Dachbegrünungen. FLL, Bonn.
- fbr-Hinweisblatt H 202 (2017): Hinweise zur Auslegung von Anlagen zur Behandlung und Nutzung von Grauwasser und Grauwasserteilströmen. Fbr, Darmstadt.
- Merkblatt „Dränung zum Schutz baulicher Anlagen – Baupraktische Hinweise zur DIN 4095; Ausgabe Januar 2018. Verband baugewerblicher Unternehmer Hessen e.V., Frankfurt.

Notizen